Christoph Buchal

ENERGIE

Herausgeber

Forschungszentrum Jülich GmbH
in der Helmholtz-Gemeinschaft
(www.fz-juelich.de)

Deutsches Zentrum für
Luft- und Raumfahrt e. V.
in der Helmholtz-Gemeinschaft
(www.dlr.de)

Forschungszentrum Karlsruhe GmbH
in der Helmholtz-Gemeinschaft
(www.fzk.de)

Mit Unterstützung durch den
Arbeitgeberverband Gesamtmetall – THINK ING.
(www.gesamtmetall.de, www.think-ing.de)

Konzept, Texte und Redaktion

Prof. Dr. Christoph Buchal
Institut für Bio- und Nanosysteme
Forschungszentrum Jülich GmbH
52425 Jülich
E-Mail: c.buchal@fz-juelich.de

Konzept, Design, digitale Realisation, Illustration und Produktion

Jutta Felten, MIC GmbH, 50674 Köln
Tel. 0221 925950-0

Aktuelle Ergänzungen, Tipps für den Unterricht

www.energie-in-der-schule.de

Bestellungen

info@mic-net.de
www.mic-net.de

Druck und Verarbeitung

Koelblin-Fortuna-Druck GmbH & Co. KG
76532 Baden-Baden

1. Auflage: 2007, 50.000 Exemplare
2. Auflage: 2008, 40.000 Exemplare
ISBN 978-3-89336-503-6

Die Herstellung und der Druck dieses Werkes wurden durch die Wilhelm und Else Heraeus-Stiftung finanziert. Die Wilhelm und Else Heraeus-Stiftung ist eine Stiftung des bürgerlichen Rechts zur Förderung von Forschung und Ausbildung auf dem Gebiet der Naturwissenschaften, insbesondere der Physik. Sie unterstützt die naturwissenschaftliche Bildung im Bereich der Schulen, wozu wesentlich auch das Wissen um den bewussten und verantwortungsvollen Umgang mit Energie gehört. Die Stiftung hat ihren Sitz in Hanau, ihre Internetadresse lautet www.we-heraeus-stiftung.de.

Bilder

Austrian Airlines AG: S. 25
AWI – Alfred Wegener Institut für Polar- und Meeresforschung: S. 93
Prof. Dr. G. Bohrmann, Universität Bremen: S. 116, 117, 118, 119
Burger King GmbH: S. 41
CBS Corporation: S. 76
Deutsche Bahn AG: S. 25, 52
DeWind GmbH: S. 20, 24, 25, 97, 120, 142, 143
DLR – Deutsches Zentrum für Luft- und Raumfahrt: S. 108, 120, 125, 133, 151
e-on AG: S. 20, 24, 25, 70, 71, 121
Ford Werke AG: S. 159
Forschungsverbund Berlin e. V.: S. 17
Forschungsverbund Sonnenenergie e. V.: S. 99, 107
Forschungszentrum Karlsruhe GmbH: S. 100, 135, 136, 137, 154, 155
Helmholtzzentrum Jülich GmbH: S. 87, 125, 130, 150, 152, 153
Gerolsteiner Brunnen: S. 24, 42
Google Incorporation: S. 76, 77
The Greenwich Workshop: S. 18
Ian Giammanco: S. 79
Hauni Maschinenbau AG: S. 150
Infineon Technologies AG: S. 159
ITER – Internationaler thermonuklearer Experimentalreaktor: S. 141
Lufthansa AG: S. 55
Nasa – National Aeronautics and Space Administration: S. 1, 2, 12, 13, 15, 16, 17, 20, 24, 25, 68, 80, 129, 159
NOAA – National Oceanic and Atmospheric Administration: S. 79, 80
Norfolk Line GmbH: S. 25
The Parker Lab: S. 36
Pfeiffer Vacuum GmbH: S. 120, 121
RWE AG: S. 24, 25, 70, 71
SeeBa Energiesysteme GmbH: 143
Shell AG: S. 24, 25, 97, 133, 159
Siemens AG: S: 124, 148, 149
Stadtwerke Bochum: S. 149
United Artists Way: 128
Universität Münster: S. 18
Vattenfall Europe AG: S. 24, 25, 70, 71, 123
Weberhaus GmbH & Co. KG: S. 48
alle Übrigen: MIC GmbH

Inhalt

Von der Hexenküche „Urknall“ bis in unsere Gegenwart

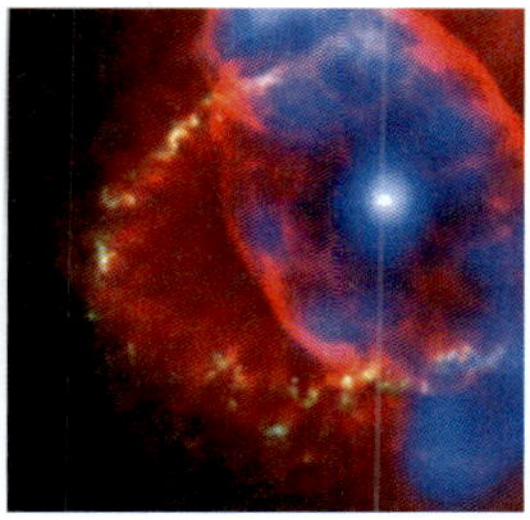

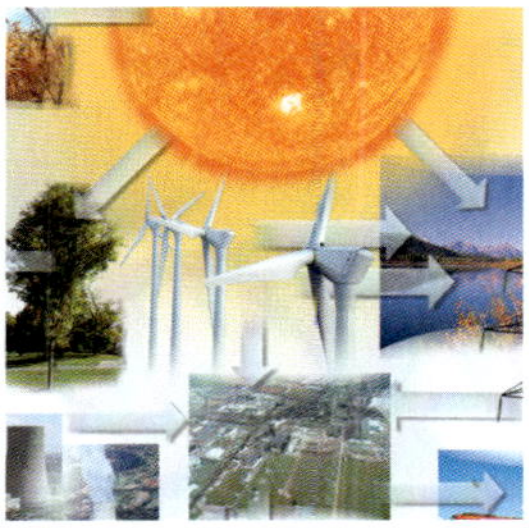

Der Energiekreislauf des Lebens

Energie und Technik

Energie und Umwelt

Energie und Zukunft

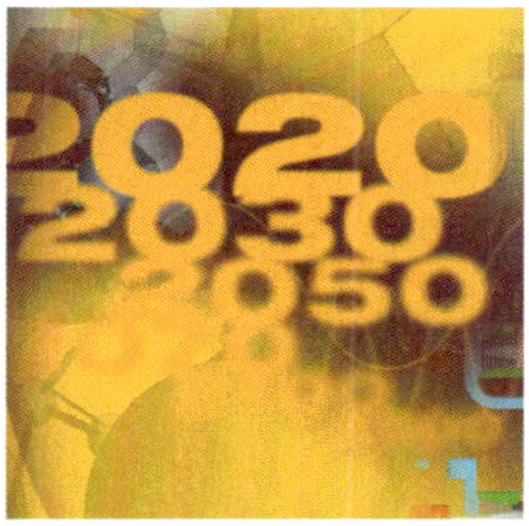

Energietechnik - interessant und zukunftssicher

Liebe Leser,

nur durch den Umsatz von Energie können wir unsere Körperfunktionen aufrecht erhalten, denken, Arbeit verrichten, Maschinen betreiben oder Wärme erzeugen.

Deshalb sind die Fragen nach der Deckung unseres persönlichen Energiebedarfs und nach der Situation der Energieversorgung und der Weltenergievorräte so wichtig – sie spielen eine entscheidende Rolle für unsere gegenwärtige und zukünftige Lebensqualität. Zusätzlich haben die heißen Diskussionen um eine drohende „Klimakatastrophe" das allgemeine Bewusstsein für die Problematik unseres Energiebedarfs geweckt und geschärft.

Woher kommt unsere Energie, wieviel benötigen wir und wie lange reichen die Vorräte noch?

Welche Energieträger stehen uns neben Kohle, Uran, Gas und Öl noch zur Verfügung und wie leistungsfähig sind die alternativen Energiequellen?

Wenn das Erdöl zur Neige geht, ist dann Biosprit eine Lösung – oder wird deshalb ein noch größerer Teil der ständig wachsenden Weltbevölkerung Hunger leiden müssen? Noch ist Öl unser wichtigster Energieträger, aber wer heute zur Schule geht, wird mit Sicherheit ständig steigende Energiekosten und mit hoher Wahrscheinlichkeit auch Ölpreiskrisen erleben, weil die Nachfrage nach Öl weiter wächst und die Vorräte schrumpfen.

Können wir die Emissionen aus der Öl-, Gas- und Kohleverbrennung überhaupt schnell stoppen?

Wie beeinflussen wir damit das Klima – was genau ist der natürliche Treibhauseffekt und was sind die Beiträge der Menschen?

In diesem Buch sind eine Menge interessanter und wichtiger Fakten zu diesen Fragestellungen zusammengetragen. Die zugehörigen Berechnungen und Checks sind leicht nachvollziehbar und öffnen die Augen für die entscheidenden Größenordnungen. Sie bieten damit eine zuverlässige Wissensbasis auf neuestem Stand, die gute Argumente liefert gegen unnötige Ängste, aber auch gegen Wunschdenken und unhaltbare Versprechungen.

Wer dieses Buch sorgfältig liest, wird darin viele ganz unterschiedliche Chancen erkennen – vielleicht auch für seine berufliche Zukunft, denn der unabweisbare Bedarf an Energie kann nur noch durch den Einsatz einer großen Vielfalt von „Energiesystemen“ gedeckt werden. Intensive Forschung für neue Technologien, aber auch die stetige Verbesserung bestehender Techniken und alltäglicher Verfahren bietet ein ideales Berufsfeld für technisch und naturwissenschaftlich interessierte junge Menschen.

Wir wünschen allen Lesern viel Freude, Einsichten und Erfolgserlebnisse mit diesem abwechslungsreichen Werkbuch über ein hochaktuelles Thema, das unser aller Zukunft ganz entscheidend prägen wird.

Prof. Dr. Dieter Röß
Vorsitzender des Vorstands,
Wilhelm und Else Heraeus-Stiftung, Hanau

Prof. Dr. Achim Bachem
Vorsitzender des Vorstands,
Forschungszentrums Jülich GmbH

Prof. Dr. Eberhard Umbach
Vorsitzender des Vorstands,
Forschungszentrums Karlsruhe GmbH

Prof. Dr. Johann-Dietrich Wörner
Vorsitzender des Vorstands,
Deutsches Zentrum für Luft- und Raumfahrt e. V., Köln

Prof. Dr. Christoph Buchal, Physiker

Als ich zur Schule ging, gab es nur halb so viele Menschen auf der Erde wie heute, das Benzin kostete 40 Pfennig pro Liter (20 Cent) und das Heizöl 10 Pfennig (5 Cent). Im bitter kalten Winter 1962/63 wurde in der Schule bereits über das nahende Ende unserer „Zwischeneiszeit" und die nächste Eiszeit diskutiert. Das CO_2 in der Luft galt zu Recht zusammen mit Sonne und Wasser als wichtigster „Ernährer" der Pflanzenwelt – unverzichtbar und in keiner Weise gefährlich. Als größte Bedrohung wurden der Kalte Krieg und die Atombomben wahrgenommen.

Als ich mein Physikstudium begann, schien eine ausreichende Energie- und Lebensmittelversorgung in Friedenszeiten auf fast unbegrenzte Zeit gesichert durch Kohle, Öl, die neu entstehenden Kernreaktoren sowie durch die Produkte der Chemie wie Kunstdünger, Pflanzenschutzmittel und Medikamente.

Nun werde ich 60 Jahre alt. Wir sind in Europa glücklicherweise von großen Kriegen verschont geblieben. Dennoch hat sich auch unsere Welt mit unheimlicher Geschwindigkeit verändert, und der Wandel scheint sich noch weiter zu beschleunigen.

Inzwischen wird sehr ernsthaft und mit großer Sorge diskutiert, ob wir Menschen unsere Erde bereits übermäßig ausgeplündert und ihre Atmosphäre ruiniert haben. Längst gibt es gar keinen Zweifel daran, dass unsere Kinder in den nächsten 60 Jahren eine stetige und sehr einschneidende Verteuerung der Ölprodukte erleben werden, denn die Nachfrage wird vermutlich schneller steigen als die Produktion. Die Zahl der Menschen und ihre Ansprüche nehmen ständig zu. Wir stehen hier vor noch ungelösten Aufgaben:

- Wie werden wir in Zukunft den (Bio-)Sprit herstellen – ohne andernorts Hungersnöte zu vergrößern?
- Wie können wir *ausreichend und bedarfsgerecht* Strom erzeugen ohne die Kohle- und Kernkraftwerke?

Jede Zeit hat ihre Herausforderungen – glücklicherweise hat unsere Zeit viele technische Möglichkeiten, die unsere Vorfahren noch nicht kannten. Ich wünsche mir besonders, dass sich viele begabte junge Leute der vielfältigen Probleme und Aufgaben annehmen, die in den Bereichen der Energieforschung und -technik vor uns liegen. Zielführend ist dabei eine dringende Versachlichung der Diskussionen über unsere Energieversorgung und die Entsorgung ihrer Rückstände. Von medienwirksam aufgebauschten Horrorszenarien, aber auch vom naiven Wunsch nach einfachen Lösungen, sollten wir uns schleunigst trennen. Dazu soll dieses Buch beitragen, indem es eine verständliche, spannende und vielseitige Wissensbasis aufbaut und mit vielen Beispielen erläutert.

Nun möchte ich mich bedanken:

- Vor allem bei der Wilhelm und Else Heraeus-Stiftung für die Finanzierung der Produktion dieses Werkbuches. Zum Thema „Energie“ hat die Stiftung bereits das ausführliche Faktenbuch von Klaus Heinloth „Die Energiefrage“ ermöglicht.
- Die Vorstände des Helmholtz-Zentrums Jülich, die Herren Prof. Joachim Treusch und Prof. Achim Bachem, haben dieses Projekt von Anfang an unterstützt.
- Ganz besonders dankbar bin ich Herrn Prof. Klaus Heinloth, Bonn, dem stets energiegeladenen Autor der „Energiefrage“. Er hat mir in zahlreichen Diskussionen mit seinem breiten Wissen unendlich geholfen.
- Herr Dr. Ernst Dreisigacker, Hanau, hat alle Texte mit größter Sorgfalt gelesen und mit zahlreichen, kompetenten Hinweisen ergänzt.
- Herr Dr. Gerd Eisenbeiß und viele andere Kollegen in Jülich, Köln und Karlsruhe haben mich mit Daten und Fakten unterstützt.
- Die Seitenproduktion und die graphische Ausgestaltung zusammen mit Frau Felten und Herrn van Son, MIC GmbH Köln, war sehr anregend und motivierend.
- Herr Prof. Gerd Bohrmann, Bremen, hat uns seine Bilder vom Methanhydrat geschenkt.
- Schülerinnen und Schüler des „Gymnasium Haus Overbach“, Jülich, haben sich kritisch und hilfsbereit mit dem Inhalt auseinander gesetzt.
- Und schließlich hat meine Frau Gisela ihre große pädagogische Erfahrung immer wieder eingebracht, wenn ihr meine doch so wichtigen Fakten und Zahlen viel zu trocken erschienen für eine lebendige und verständliche Darstellung:

„Bitte wecke vor allem bei deinen Lesern das Interesse an diesem wichtigen Thema!“

Hoffentlich ist mir das gelungen!

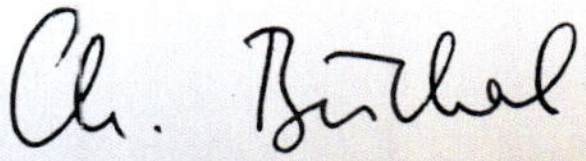

„Die vielfältigen und komplex verwobenen Aspekte des Themas „Energie“ werden hier sehr animierend dargestellt. Das Werkbuch bietet eine hervorragende Basis für einen zeitgemäßen, anspruchsvoll kompetenzorientierten Unterricht in den Natur- und Gesellschaftswissenschaften.“

Dr. Wolfgang Welz, Physiker, Obere Schulaufsicht NRW

„Eine der wichtigsten Herausforderungen des 21. Jahrhunderts ist die Sicherstellung einer umweltverträglichen und bezahlbaren Energieversorgung.“

Prof. Dr. Klaus Heinloth, Physiker, Universität Bonn

Von der Hexenküche

Urk

nall

bis in unsere Gegenwart

Vor ca. 13,7 Milliarden Jahren entsteht unser Universum aus einer unvorstellbaren Zusammenballung höchster Energie. Es dehnt sich aus – auch heute noch – und kühlt sich ab. Dabei bildet sich aus der Energie stabile Materie, es entstehen unter anderem die Sterne. Bis in die Gegenwart hinein organisieren sich immer komplexere Strukturen, insbesondere die Formen des Lebens.

Vom Entstehen unseres Universums

$E = mc^2$

Energie = Masse · Lichtgeschwindigkeit²

Die berühmteste Gleichung der Relativitätstheorie postuliert, dass Materie und Energie ineinander verwandelt werden können.

(Einstein, 1905)

1. Niemand weiß etwas über die Zeit vor dem Urknall und die anschließende allerheißeste erste Phase. Man kann nicht einmal intelligente Vermutungen anbieten.

   Wir wissen aber mit großer Sicherheit, dass am Anfang unserer Welt ein riesiges Startkapital von Energie stand. Von diesem Energievorrat zehrt das gesamte Universum auch heute noch, denn Energie kann nicht erzeugt und nicht vernichtet werden, aber Energie kann in die verschiedensten Formen umgewandelt werden. Einstein hat genial erkannt, dass Energie auch in Materie umgewandelt werden kann. Man braucht allerdings sehr viel Energie, um daraus Materie herzustellen – in diesem Sinne ist Materie ein gigantischer Energiespeicher. Umgekehrt kann Materie unter gewissen Umständen auch zu Energie zerstrahlen. Die ständige Umwandlung von Strahlungsenergie in unterschiedliche Materieformen steht am Anbeginn der Welt.

2. Bereits nach ca. 1 Mikrosekunde (0,000001 s) entstehen stabile Bestandteile unserer heutigen Welt, nämlich Neutronen und Protonen. Die Temperatur beträgt dabei 10 000 000 000 000 Grad (10^{13} K).

3. Nach 10 s ist es immer noch so heiß, dass sich keine Atome bilden können: Die Temperatur beträgt 1 000 000 000 Grad (10^9 K).

Energie

ist einer der wichtigsten Begriffe der Naturwissenschaften,
weil überall dort, wo

- etwas bewegt wird,
- etwas wächst, verbrannt oder chemisch umgesetzt wird,
- etwas erwärmt oder gekühlt wird,

überall dort der Energieumsatz eine Schlüsselrolle spielt.

Aber leichte Atomkerne aus Neutronen und Protonen beginnen sich zu bilden.

4. Erst nach ca. 400 000 Jahren bilden sich Wasserstoff- und Heliumatome aus Atomkernen und Elektronen. Die allgemeine Temperatur beträgt nur noch ca. 3000 Grad ($3 \cdot 10^3$ K). Viele Atomkerne können jetzt ihre Elektronenhüllen festhalten und bilden damit stabile Atome.

5. Heute, nach 13,7 Milliarden Jahren, hat sich die vom Urknall verbliebene Wärmestrahlung abgekühlt auf –270,5 Grad Celsius, also 2,7 Kelvingraden über dem absoluten Nullpunkt. (Der absolute Temperaturnullpunkt beschreibt das Fehlen jeglicher Wärme und wird mit Null Kelvin („0 K“) bezeichnet. Null Kelvin entsprechen –273,15 °C). Der Weltraum ist nunmehr fast überall sehr kalt – es herrscht eine Temperatur von 2,7 K „im Schatten“. Allerdings gibt es auch viele heiße Stellen im Universum, etwa im Strahlungsbereich der Sterne und anderer kosmischer Energiequellen. Unsere angenehmen Umwelttemperaturen auf der Erde und unser Leben verdanken wir einem heißen, strahlenden Stern „in unserer Nähe“: unserer Sonne.

Die Weltraumsonden Voyager 1 und Voyager 2 fliegen seit 1977 immer weiter von der Sonne fort und erreichen bald den Rand unseres Sonnensystems. Zu ihrer Energieversorgung sind sie auf mitgenommene Batterien aus radioaktiven Elementen angewiesen, denn die Strahlung der Sonne wird mit zunehmender Entfernung zu schwach, um Solarzellen-Strom für ihre Sender zu liefern.

Es gibt noch gewaltige und überaus faszinierende Herausforderungen für die moderne Astrophysik, denn es scheinen sehr große Energiemengen aus dem Anfangskapital des Urknalls zu fehlen. Außerdem scheint es im Weltraum riesige Materieansammlungen zu geben, durch die das Licht ferner Sterne ohne Abschwächung hindurch läuft. Das sind zwei große Rätsel für die Wissenschaft. Du kannst Dir im Internet unter den Suchbegriffen „Dunkle Energie“ und „Dunkle Materie“ einen ersten Überblick verschaffen.

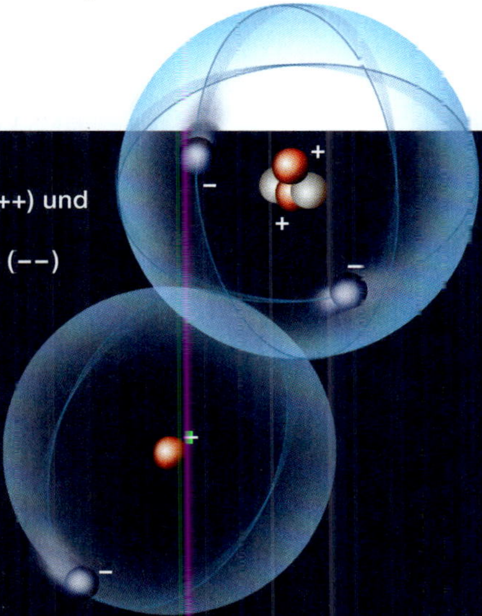

Helium:
Kern: 2 Protonen (++) und 2 Neutronen
Hülle: 2 Elektronen (– –)

Wasserstoff-Atom:
Kern: 1 Proton (+)
Hülle: 1 Elektron (–)

Die Zeitskala des Universums ist astronomisch und deshalb nahezu unvorstellbar. Wir helfen unserer Anschauung, wenn wir die 13,7 Milliarden Jahre vom Urknall bis zum heutigen Tag auf ein einziges Kalenderjahr abbilden. Mit dem Urknall beginnt am 1. Januar Null Uhr Null Sekunden das hypothetische kosmische „Weltall-Jahr". Wir, die modernen „Erdmenschen", leben im Hier und Heute. Dem soll ganz genau der Jahreswechsel am 31. Dezember entsprechen – und unsere Zukunft beginnt damit exakt um 0 Uhr 0 Sekunden eines neuen kosmischen Weltall-Jahres.

Unser Zeitmaßstab sieht folgendermaßen aus:

„Weltall-Jahr"	=	13,7 Milliarden	„normale" Jahre
„Weltall-Monat"	=	mehr als 1 Milliarde	„normale" Jahre
„Weltall-Tag"	=	38 Millionen	„normale" Jahre
„Weltall-Stunde"	=	1,6 Millionen	„normale" Jahre
„Weltall-Minute"	=	26000	„normale" Jahre
„Weltall-Sekunde"	=	434	„normale" Jahre unserer Zeitrechnung

Ein Menschenleben von etwa 80 Menschenjahren dauert nur 0,2 Weltall-Sekunden

Ab 0 Uhr 15 Minuten können die Kerne Elektronen an sich binden, so dass Atome entstehen.

Jan. | Feb. | März | April | Mai | Juni | Juli | August

Ab **Mitte Januar** bilden sich unter der Wirkung der Schwerkraft Sterne und Galaxien. Sterne leuchten und erlöschen oder explodieren. Ausgebrannte Sonnen können dabei in einer finalen Supernova-Implosion schwere Elemente (wie auch das Uran) erbrüten und ins All schleudern. Ihre Materie wird von anderen Sternen eingesammelt und bildet zusammen mit den Resten vom Urknall das Baumaterial neuer Sternsysteme.

1. Januar, 0 Uhr 00 Sekunden: Urknall
Schon in der ersten Sekunde entstehen die Atomkerne von Wasserstoff und Helium.

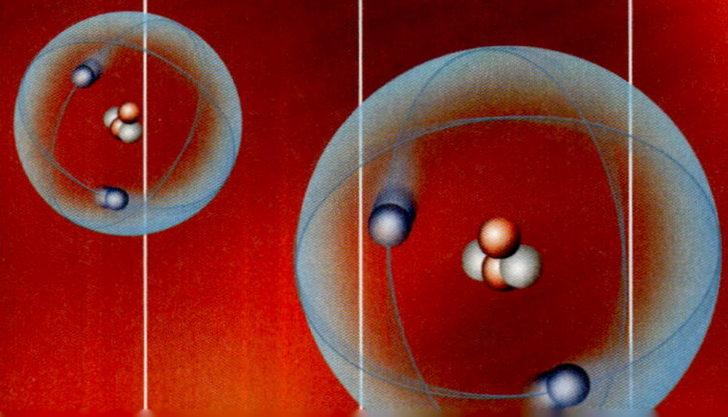

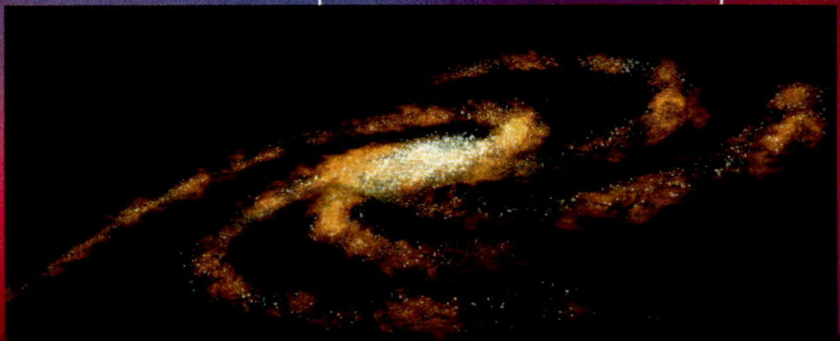

Vom Urknall bis Heute: Das „Weltall-Jahr“

Die Erde bildet sich

Bis **Mitte September** kühlt sich die Erdoberfläche unter 100 Grad ab und verfestigt sich langsam.

Auch im **November** spielt sich das Leben nur in den Meeren ab.

September | **Oktober** | **November**

Ab **etwa dem 20. September** (vor 3,9 Milliarden Jahren) leben die ersten Bakterien und später auch Algen in den Meeren der Erde. Sauerstoff wird produziert und der CO_2-Gehalt der Luft sinkt.

Erst **Mitte August** sammelt sich die Materie für unser Sonnensystem. Viele chemische Elemente stammen dabei aus den Resten von längst gestorbenen und explodierten alten Sternen. Der schwere Zentralstern „Sonne“ ist am **31. August**, also vor 4,6 Milliarden Jahren, als „Protostern“ vollständig und beginnt seine Kernreaktion. Bereits am 1. September brennt die Kernreaktion stabil – unsere Sonne leuchtet nun fast so, wie wir sie auch heute sehen.

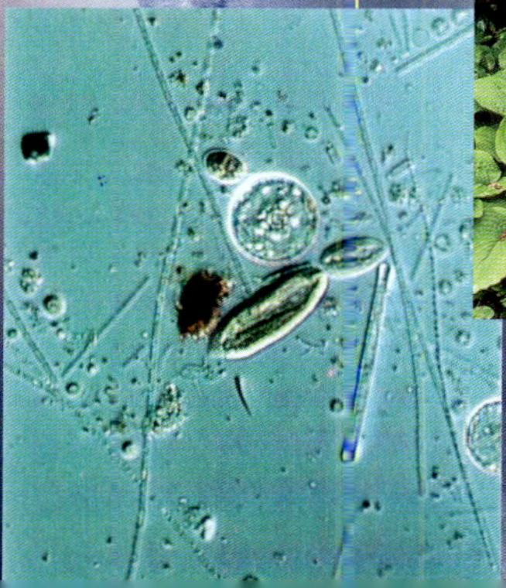

Am **23. Dezember** beginnt sich auch das Erdöl aus abgestorbenen Meerestierchen und Pflanzen zu bilden und zu sammeln. Der Prozess der Erdölbildung wird

Am **23. Dezember** haben sich bereits große Steinkohlelager aus dem Holz der Wälder gebildet. Sie bilden den größten fossilen Energievorrat der Erde.

Ab dem **17. Dezember** „explodiert" das Leben förmlich. Innerhalb von 1 bis 2 Tagen entwickelt sich eine Fülle verschiedenster Lebewesen. (Informiere Dich im Internet unter „Kambrische Explosion".) Erst ab dem **19. Dezember** wird das Land besiedelt.

Dezember

1. 2. 3. 4. 5. 6. 7. 8. 9. 10. 11. 12. 13. 14. 15. 16. 17. 18. 19. 20. 21. 22. 23. 24. 25. 26.

Vom **23. Dezember bis zum 30. Dezember** ist es überwiegend sehr warm auf der Erde. Am **29. Dezember** sind sogar die Pole eisfrei und in Europa herrscht ein tropisches Klima mit Krokodilen im Rhein ...

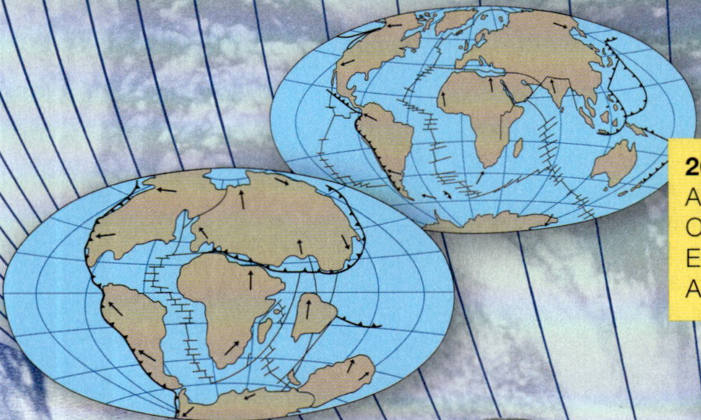

26. Dezember:
Atlantik und Tethys-Ozean entstehen: Europa, Amerika und Afrika werden getrennt.

Die Saurier leben vom **25. Dezember bis zum 30. Dezember um 7 Uhr morgens** – dann sterben sie plötzlich aus. Eine Katastrophe tötet 50% aller Tierarten.

anhalten bis zum Mittag des **31. Dezember.** Diese Energievorräte in Form von Kohle und Öl wird die Menschheit zum Jahreswechsel erschließen und fördern – und dann mit rasantem Tempo verbrauchen!

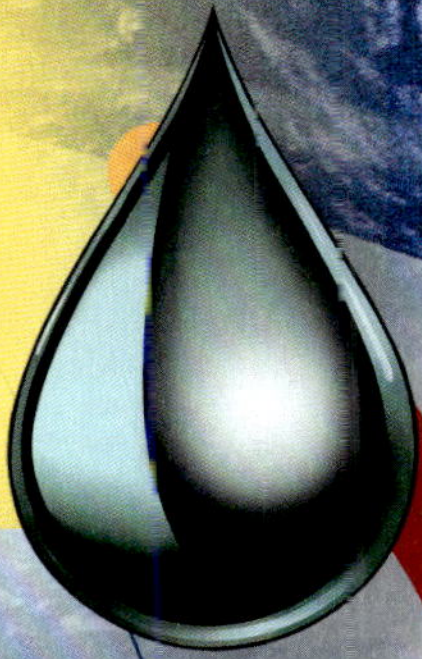

Zu **Weihnachten** gibt es die Fische, die Reptilien und große Wälder.

Erst in der Nacht des **30. Dezember** tauchen affenartige Tiere auf. Die Frühentwicklung der Menschheit beginnt am späten Abend des **31. Dezember**, in der letzten Nacht des Jahres.

28. 29. 30. 31. 1. 2. 3.

Am **26. Dezember** abends erscheinen die ersten Säugetiere auf den Kontinenten der Erde.

2 Stunden vor Jahreswechsel bis heute: Viele Eiszeiten und Warmzeiten wechseln sich ab. Es kommt zu großen Vergletscherungen und Eisvorstößen, aber auch sehr warmen Zwischeneiszeiten.

Zukunft

Heute

23 Sekunden vor Mitternacht:
Nach dem Ende der letzten Eiszeit wird das Klima wieder angenehm warm – die Gletscher ziehen sich aus Europa, Asien und Nordamerika zurück.

Erst in der späten Silvesternacht, nämlich **10 Sekunden vor Mitternacht**, werden die ägyptischen Pyramiden gebaut, 5 Sekunden vor Jahreswechsel wird Jesus Christus geboren.

Neujahr

Wie lange leuchtet die Sonne noch für uns?

Wir erinnern uns: 80 Jahre, ein Menschenleben, dauern nur 0,2 Sekunden in unserem Weltall-Kalender – und was geschieht alles in dieser Zeit? Wieviel von der Kohle und von dem Erdölvorrat, den die Erde für uns angelegt hat, wird jetzt in gewaltigen Massen der Erde entnommen und verbraucht?

Der riesige Erdölvorrat der Erde hält nur noch wenige Zehntel Sekunden, dann ist das wertvolle Öl mit Sicherheit verbraucht – verbrannt und weg. Und auch die Kohle wird nur sekundenlang reichen, dann wird auch sie vollständig verbrannt sein, so groß ist der Energiehunger der Menschheit inzwischen geworden!

Januar | Februar | März

Zukunft

Am **24. Januar** wird es auf der Erde zu heiß zum Leben.

Ab **Mitte Februar** kochen die Ozeane, denn die mittlere Temperatur auf der Erde erreicht allmählich 100 °C.

Dabei gibt uns die Sonne noch eine Menge Zeit – sie will uns noch mindestens bis **Mitte Januar** des neuen Jahres mit gleichmäßiger Wärme versorgen. Danach steigt die Leuchtkraft der Sonne stetig an. Die Sonne bläht sich ganz langsam auf.

Wer denkt schon an ein brodelndes Inferno, wenn er an einem schönen Sommertag die Wärme und das Licht der Sonne genießt? Der Sonne verdanken wir fast alles – unser Zentralstern ist die entscheidende Energiequelle für das Leben auf der Erde. Außerdem hält die Sonne mit ihrer großen Masse und Anziehungskraft das Planetensystem zusammen.

Für die Erde ergab sich eine besonders günstige Bahn – nicht zu nahe (und damit zu heiß) und auch nicht zu weit entfernt (und damit zu kalt) für jegliches Leben. Seit etwa 4,5 Milliarden Jahren ist die Sonne in einer sehr ruhigen und stabilen Phase – nur deshalb konnte sich das Leben auf der Erde relativ ungestört entwickeln. Die Sonne „verbrennt" dabei ihren großen Vorrat an Wasserstoff in einer Kernreaktion zu Helium.

Beim „Wasserstoffbrennen" werden in jeder Sekunde ca. 564 Millionen Tonnen Wasserstoff zu ca 560 Millionen Tonnen Helium „verschmolzen". Der Unterschied in der Masse, ca. 4 Millionen Tonnen, wird nach der Einsteinformel $E = mc^2$ als Energie frei und wird abgestrahlt. Diese Kernfusionsreaktion der Sonne liefert in jeder Sekunde die unvorstellbare Energiemenge von $4 \cdot 10^{26}$ Joule. Wenn wir zum Vergleich den gesamten Energiewert aller fossilen Energieträger, also Kohle, Öl und Erdgas, addieren, den die Erde im Laufe von Jahrmillionen angesammelt hat, so beträgt die Summe des Energiegehaltes all dieser Bodenschätze auf unserer Erde geschätzt etwa $4 \cdot 10^{22}$ Joule. In der Sonne wird also in jeder Sekunde 10 000 mal mehr Energie freigesetzt als der gesamte angesammelte Energievorrat auf der Erde ausmacht.

Mitte Juni hat sich die Sonne so weit aufgebläht, dass Merkur und Venus bereits von ihr verschlungen sind. Die Erde ist nun glutflüssig von der Sonnenhitze, bevor auch sie **im Juli** von der rotglühenden Sonne („Roter Riese") verschluckt wird.

Dein Check!

1. Diese Aufgabe ist besonders anspruchsvoll: Wir wissen, dass unser Universum im Urknall mit einer riesigen Energiedichte gestartet ist. Dennoch bilden sich zuerst **nur leichte Atome**, vor allem Wasserstoff (H) und ein wenig Helium (He). Aus dem Diagramm „Weltall-Jahr“ auf Seite 16 – 19 kann man entnehmen, dass sich die Erde vor etwa 4,6 Milliarden Jahren („Mitte September“) aus im Weltall bereits vorhandener Materie gebildet hat. Wenn wir nun aber unsere heutige Erde untersuchen, so finden wir eine große Fülle von chemischen Elementen. Darunter sind auch in reichem Maße die entscheidenden Elemente für die Bildung lebendiger Strukturen:

   C H O N
   C – Kohlenstoff
   H – Wasserstoff
   O – Sauerstoff
   N – Stickstoff
   Insgesamt sind sogar **alle** nur denkbaren stabilen chemischen Elemente auf unserer Erde zu finden. Auch das ist ein großartiger Glücksfall!

   Bitte versuche mit Hilfe einer Internetrecherche, zum Beispiel in der Wikipedia, herauszufinden,
   a) welche Prozesse im Weltall zur Entstehung der schweren Elemente bis zum Eisen (Fe) geführt haben und
   b) welche Prozesse im Weltall schließlich zur Entstehung der sehr schweren Elemente bis zum Uran (U) geführt haben.

2. Auf dem „Weltall-Kalender“ auf dieser Seite sind die letzten Tage vor Neujahr („heute“) besonders hervorgehoben. Die heutige Steinkohle entstand vor 350 Millionen Jahren. Dem entsprechen 9 Tage vor Neujahr, also der 23. Dezember.
   Bitte berechne und markiere auf dem Kalender die folgenden Zeitpunkte:
   - Vor 300 Millionen bis 20 Millionen Jahren: Erdöl entsteht.
   - Vor 20 Millionen Jahren: Braunkohle entsteht.
   - Vor 5 Millionen Jahren: Erste Frühmenschen in Afrika.
   - Vor 200 000 bis 20 000 Jahren: Die klugen und starken Neandertaler bevölkern unsere Region.

   Berechne in „Sekunden und Zehntelsekunden vor Mitternacht“ diese Zeiten:
   - Seit 20 000 Jahren: Der „Jetztmensch“ besiedelt die Erde.
   - Vor 10 000 Jahren: Eine furchtbare Vulkanexplosion reißt ein riesiges Loch in die Eifel – der See „Maria Laach“ entsteht.
   - Vor 9000 Jahren: Die Gletscher haben sich aus Europa zurückgezogen, das Klima wird milder.

In der Skala ist die gesamte Entwicklungsgeschichte des Universums, also 13,7 Milliarden Jahre, veranschaulicht und auf ein einziges Kalenderjahr „projiziert“.

Die Skala beträgt demnach 13 700 000 000 : 1.

Daraus folgt:
- 38 000 000 Jahre werden zu 1 Tag verkürzt und
- 434 Jahre werden zu 1 Sekunde.

Das „Weltall-Jahr“: 365 Tage ≙ 13 700 000 000 Jahre

Januar	Februar	März	April	Mai	Juni

- Vor 5000 Jahren: Die ägyptischen Königreiche bilden eine Hochkultur mit vielfältigen Handwerken und Künsten. In Europa dagegen herrscht „Steinzeit“.
- Vor 2000 Jahren: Blüte des Römischen Reiches, Geburt und Leben Christi.
- Vor etwa 200 Jahren: Kohle wird zunehmend gefördert und verbrannt, Dampfmaschinen aller Art werden entwickelt.
- Vor etwa 100 Jahren: Erdöl wird gefördert, das Ölzeitalter beginnt, Autos und Flugzeuge werden entwickelt.

3. Noch weitere 100 – 200 Jahre könnte das Erdöl reichen, bis dann wirklich alles verbrannt ist. Dabei werden die Förderkosten allerdings ständig steigen. Bitte vergleiche den Zeitraum der Bildung des Öls mit dem Zeitraum des Verbrauches.

Jahre der Bildung insgesamt: ____________

Jahre des Verbrauchs durch Verbrennen: ____________

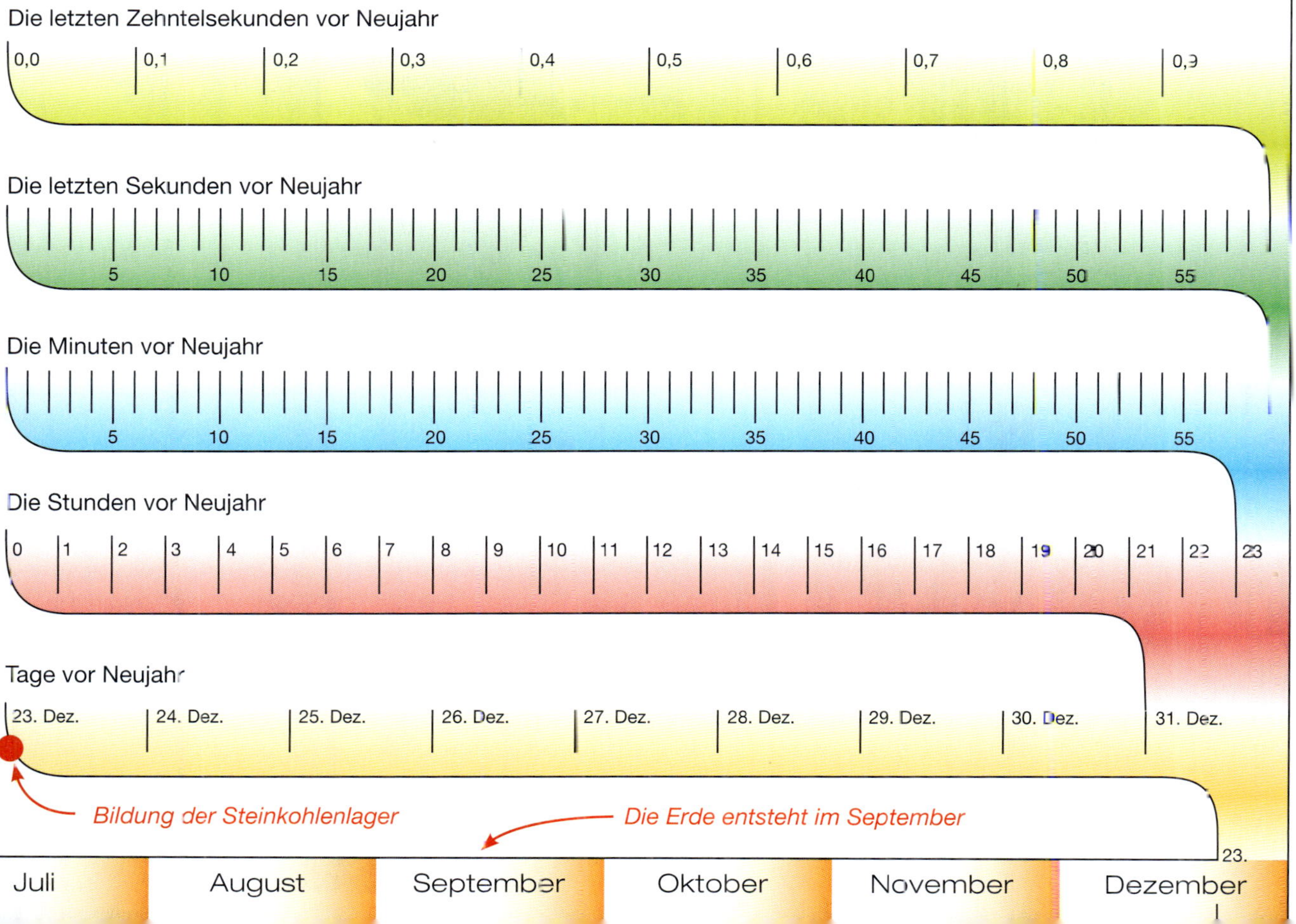

Energieformen Energie

systeme

Energieformen
Energiesysteme
Dein Check!

Bitte ordne diese Erläuterungen den entsprechenden Buchstaben aus dem Bild S. 24 – 25 zu:

1 Im Inneren der Sonne wird durch Kernfusion (Wasserstoffkerne verschmelzen zu Heliumkernen) Kernenergie in Wärme und Strahlung umgesetzt.

2 Wir erhalten von der Sonne Strahlungsenergie in Form von intensiver Licht- und Wärmestrahlung. (Genau wie die Radio-, Fernseh- und Funkwellen bestehen auch Röntgenstrahlung, ultraviolette Strahlung, sichtbares Licht und Wärmestrahlung aus elektromagnetischen Wellen, die sich bekanntlich auch in der Leere des Weltraums ausbreiten können.)

3 Pflanzen erzeugen mit Hilfe von Licht, Wärme und einigen chemischen Elementen (vor allem **C, H, O, N**) unsere Lebensmittel. In Lebensmitteln ist chemische Energie in einer für den Organismus verwertbaren Form gespeichert.

4 Wir atmen Luftsauerstoff und „verbrennen" im Stoffwechsel unsere Nahrungsmittel, um unseren Körper mit Wärme und mit Energie für die Muskelarbeit zu versorgen. Neben dem Herzmuskel ist auch die Gehirntätigkeit auf eine ständige, ununterbrochene Zufuhr chemischer Energie angewiesen. Unser Körper hat vielfältige Brennstoffreserven zur Verfügung, jedoch keine Sauerstoffreserven (S. 29, 40).

5 In den Muskeln setzen wir chemische Energie in mechanische Energie um. Der Wirkungsgrad beträgt dabei ca. 20%, d. h. nur rund 20% der chemischen Energie kann in Muskelarbeit umgewandelt werden. 80% der chemischen Energie wird in Wärme verwandelt – wenn wir arbeiten oder Sport treiben, wird uns zwangsläufig warm.

6 Im Feuer wird chemische Energie in Wärmeenergie verwandelt. Die Verbrennung von Holz und vor allem von Kohle und Kraftstoffen (Ölprodukten) ist zur Zeit der wichtigste Energieumsatz der Menschheit.

7 Im Holz ist chemische Energie (in Form von Zellulose, für Menschen unverdaulich) gespeichert. Bäume leisten mit ihrem Stoffwechsel enorm viel für die Umwelt. Mehr dazu auf den Seiten 38 – 40.

8 Kohle wird als Primärenergieträger bezeichnet. Die Kohlevorkommen sind der größte Vorrat der Menschheit an gespeicherter chemischer Energie.

9 In Kohlekraftwerken entsteht Verbrennungswärme, mit deren Hilfe man Wasserdampf unter hohem Druck, also mechanische Energie, erzeugt. Damit wird ein Generator angetrieben, der mechanische Energie in elektrische Energie („Strom") verwandelt (S. 61, 62).

10 In Kernkraftwerken wird bei der Kernspaltungsreaktion von Uran sehr viel Wärmeenergie frei. Wie im Kohlekraftwerk erzeugt man damit Dampf unter hohem Druck, also mechanische Energie. Damit wird ein Generator angetrieben, der elektrische Energie („Strom“) erzeugt. Kernenergie ist (neben der Energie der Meeresgezeiten und der Wärme aus dem Erdinneren) die einzige Form von menschlicher Energienutzung, die nicht letztendlich auf dem ständigen Energiefluss von der Sonne zur Erde beruht (S. 139).

11 Alle Wärmekraftwerke erzeugen viel Abwärme, denn Wärmeenergie (niederwertig) kann man immer nur zu einem Bruchteil (typisch bis zu 40%) in hochwertige elektrische Energie umwandeln. Diese Abwärme muss bei möglichst niedriger Temperatur abgeführt werden, um den Wirkungsgrad der Umwandlung von Wärmeenergie in elektrische Energie zu optimieren. Dazu dienen die großen Kühltürme.

12 Elektrische Energie (Strom) lässt sich mit Hilfe von Hochspannungsleitungen oder Kabeln relativ gut transportieren. Das Stromnetz verbindet alle Länder Europas und transportiert große Energiemengen.

13 Die Überwachung, der Betrieb und die Pflege des Stromnetzes ist genau so wichtig wie der Betrieb der Kraftwerke. Weil man die elektrische Energie nicht effektiv speichern kann, muss die Leistung der Kraftwerke sorgfältig geregelt und dem jeweiligen momentanen Verbrauch angeglichen werden.

14 Die Sonne bewirkt durch Erwärmung das Auf- und Absteigen von Luftmassen. An der Erdoberfläche entstehen dadurch die Winde (kinetische Energie der Luftmassen).

15 Windgeneratoren verwandeln die Bewegungsenergie des Windes („kinetische Energie“) in elektrische Energie, die in das Stromnetz eingespeist wird. Windenergie steht nur ungleichmäßig zur Verfügung und bedingt sehr hohe Leistungsreserven der anderen Kraftwerke, die die großen Schwankungen der Windstromerzeugung ausgleichen müssen (S. 142).

16 Die Sonne bewirkt durch die Wärmeeinstrahlung das Verdunsten von Wasser.

17 In der Höhe kondensiert der (unsichtbare) Wasserdampf zu (sichtbaren) Tropfen in Form von Wolken. Wolken enthalten sehr viel gespeicherte Energie in Form von hoch gehobenen großen Mengen von Wasser („potenzielle Energie“).

18 Es gibt einen zweiten, noch wichtigeren Effekt: Wenn Wasser verdunstet (verdampft), muss dafür Energie aufgebracht werden (Deshalb kühlt der verdunstende feuchte Schweiß den Körper besonders gut). Wenn Wasserdampf wieder zu Tropfen kondensiert, wird genau diese „Verdampfungsenergie“ als „Kondensationswärme“ wieder frei. In feucht-heißer, mit Wasserdampf gesättigter Atmosphäre ist deshalb extrem viel Energie gespeichert, die bei Gewittern zu hoch aufschießenden Wolkentürmen und stürmischer Luft führt. Wenn im Sommer starke Sonneneinstrahlung die Luft über warmem Meerwasser großräumig mit riesigen Wasserdampfmengen sättigt und damit zu einem gigantischen und gefährlichen Energiespeicher macht, kann sich dieser Energievorrat in Form der verheerenden „Hurricanes“ entladen (S. 80).

19 Stauseen und Staustufen in Flüssen bieten die Möglichkeit, die potenzielle Energie der Niederschläge nutzbar zu machen. In Wasserkraftwerken wird die kinetische Energie des schnell aus dem Reservoir ausströmenden Wassers über die Drehung der Turbine („Rotationsenergie") zum Antrieb eines Generators und damit zur Stromerzeugung genutzt. Dabei wird hochwertige mechanische Energie direkt in elektrische Energie verwandelt. Der Wirkungsgrad beträgt über 90 % (S. 122).

20 Erdöl und Erdgas bilden zur Zeit die weltweit wichtigsten Primärenergieträger (= direkt verfügbare chemische Energie), weil sie besonders vielseitig zu verwenden und dazu in Tankern und Pipelines relativ bequem und kostengünstig zu transportieren sind.

21 Flugzeuge werden ausschließlich mit flüssigen Treibstoffen (Ölprodukten) betrieben. Man sagt: „Unsere letzten Tropfen Öl werden wir wohl für die Flugzeuge reservieren müssen."

22 Auch Schiffe werden heute – von wenigen atomgetriebenen Großschiffen und den Segelschiffen abgesehen – von flüssigen Treibstoffen aus Öl angetrieben. Früher waren viele kohlebetriebene „Dampfer" auf den Ozeanen unterwegs.

23 Unsere Fahrzeuge benötigen sehr viel Ölprodukte in Form von Benzin und Diesel. An der Wärmeabgabe des Wasserkühlers und der Auspuffgase erkennt man, dass auch im Automotor die Wärmeenergie nur zu einem geringen Teil in mechanische Energie verwandelt werden kann. Typischerweise gehen über 55% der chemischen Energie des Kraftstoffes als Abwärme verloren. An Alternativen zu den derzeitigen Verbrennungsmotoren wird geforscht und entwickelt.

24 Der Fernverkehr der Eisenbahnen wird heute weitgehend mit Hilfe der elektrischen Energie betrieben. Die ökologische Bilanz des Bahnverkehrs hängt damit ganz entscheidend vom Prozess der Stromerzeugung ab – ein Land mit viel „Wasserkraft" wie die Schweiz ist dabei besonders im Vorteil.

25 Das Leben in einer modernen Stadt ist ohne gesicherte Stromversorgung völlig undenkbar. Die wichtigsten Kategorien sind: Beleuchtung, Informationsübermittlung, Elektronik, Regeln und Steuern, Lüften, Heizen und Kühlen, Transport (U-Bahn, Straßenbahn, Liftanlagen), Betrieb der Versorgungsnetze (auch Wasser- und Abwasserleitungen benötigen elektrische Pumpen) und schließlich der Betrieb aller Fabriken und Werke. In einer überlasteten Region wie Shanghai dürfen Fabriken manchmal nur nachts arbeiten, wenn tagsüber die Stromversorgung nicht mehr ausreicht. Wenn in einer Stadt der Strom ganz ausfällt („BLACKOUT"), wird es sehr kritisch (S. 65).

Lösung:

1	2	3	4	5	6	7	8	9	10	11	12	13	14	15	16	17	18	19	20	21	22	23	24	25
G	F	C	A	B	D	E	H	I	K	J	O	N	M	L	P	Q	Z	S	U	V	W	X	T	Y

Unsere Energiebilanz im Alltag

Energie leistet unersetzliche Dienste und geht dabei nicht verloren – aber ihr Wert wird bei jeder Umwandlung geringer und schließlich bleibt viel wertlose Abwärme übrig.

Vor allem brauchen wir Energie zum Leben – deshalb essen wir täglich unseren „Brennstoff" und müssen zu seiner Verwertung beständig Sauerstoff atmen. Wenige Minuten ohne Sauerstoff und damit ohne Energiezufuhr durch den Stoffwechsel – und unser Gehirn stirbt.

Unser persönlicher Energiebedarf in Form von **Lebensmitteln** ist unabdingbar, aber nicht besonders hoch. Er ergibt sich aus dem Stoffwechsel-Grundumsatz von überschlägig 100 W. Das entspricht dem Energiebedarf (Leistung) einer hellen Glühbirne. An jedem Tag macht das die Energiemenge von 2,4 kWh aus (100 W · 24 h = 2400 Wh), und pro Jahr ergeben sich großzügig aufgerundet 1000 kWh.

Die Wärme und das Licht der Sonne, die die Pflanzen wachsen lässt, sind noch gratis, aber die landwirtschaftliche Arbeit, der oft teure Transport (z.T. als Luftfracht) und die Zubereitung dieser Lebensmittel brauchen natürlich zusätzlich sehr erhebliche Energiemengen, was sich übrigens immer im jeweiligen Preis niederschlägt. Auch weil für 1 kJ Energie aus Fleisch oft mehr als die zehnfache Energie in Form von Futtergetreide eingesetzt werden muss, ist Fleisch so teuer. Dennoch müssen wir in Deutschland im Mittel nur 10% unseres Einkommens für Nahrungsmittel ausgeben – so reich ist unser Land!

Erst in zweiter Linie brauchen wir Energie, um angenehm leben zu können – für unsere Häuser, die wir heizen, kühlen und beleuchten, und unsere Fahrzeuge, Maschinen und Computer, die wir mit großem Energieaufwand herstellen und betreiben.

Den privaten Luxus kann man an der Stromrechnung ablesen, denn sie zeigt den **Jahresbedarf an elektrischer Energie:** Typisch sind 2000 kWh pro Jahr und Person. Dafür müssen im Kohlekraftwerk ca. 5000 kWh Wärmeenergie eingesetzt werden, weil dort unvermeidliche Umwandlungsverluste und Abwärme entstehen. Ein dicker Batzen Energie wird für das **Beheizen des Hauses** benötigt: Typisch sind ca. 1000 Liter Heizöl pro Jahr und Person, das sind dann 10 000 kWh. Und wenn ca. 20 000 km im Jahr mit dem **PKW** gefahren werden, dann braucht das bei 8 Litern pro 100 km immerhin 1600 Liter Benzin mit dem Energiewert von 15 000 kWh.

Allein diese drei Posten, Strom, Heizung und Autosprit, summieren sich bei einem 3-Personen-Haushalt auf **20 000 kWh pro Person**, in diesem Beispiel aufgeteilt in Kohle, Öl und Benzin. Hier kann jeder von uns ansetzen, um mit Energie sparsam umzugehen und damit direkt die Haushaltskasse zu entlasten. Immerhin beträgt die *gemeinsame* Energierechnung einer dreiköpfigen Familie ca. 5200 Euro im Jahr und setzt sich zusammen aus 1200 Euro für Strom, 2000 Euro für Heizung und 2000 Euro für Autosprit.

Dazu kommt der Energiebedarf für LKW, Busse, Bahnen und Flugzeuge, der Bedarf für Heizung und Beleuchtung von öffentlichen Gebäuden, für Fabriken und Maschinen – eine Kette fast ohne Ende, die in der Summe noch mehr als der private Verbrauch ausmacht. Deshalb schaut man sich am einfachsten den **Gesamtbedarf an Primärenergie** eines Landes an und erhält für Deutschland etwa **48 000 kWh pro Person und Jahr**. Dem entsprechen rund 5000 Liter Öl oder 6000 kg Kohle pro Kopf und Jahr. Der überwiegende Teil der Menschheit beneidet uns um diesen Wohlstand und erstrebt mit aller Kraft eine ähnliche Situation. Noch müssen ganze Völker in Entwicklungsländern mit ca. 2% dieser Energiemenge auskommen – soviel Holz wird benötigt, um die tägliche Mahlzeit zu kochen und etwas Wärme zu bekommen. Dabei ist oft nicht einmal ein Herd vorhanden – statt dessen eine ineffiziente offene Feuerstelle mit über 90% „Abgasverlusten“. Obendrein braucht es in Dürreregionen oft viele Stunden, um die täglichen 500 g Brennholz zu sammeln oder auf einem Markt zu kaufen. So leben diese Menschen heute mit derselben Energieversorgung wie schon unsere Vorfahren vor Urzeiten, die ihren „Minimal-Energiebedarf“ ebenfalls mit Holz gedeckt haben.

Check

Informiere Dich im Internet über die Bauformen, die Funktionsweise und die große Bedeutung von Solarkochern für Entwicklungsländer. Diskutiere die Aspekte „Effektive Entwicklungshilfe“ und „Umweltschutz“.

Es ist eine außerordentlich wichtige, aber sehr schwierige technische und gesellschaftliche Herausforderung, die wirtschaftliche Entwicklung eines Landes voranzutreiben und gleichzeitig den primären Energiebedarf zu begrenzen oder gar zu senken. Für die reichen Industrieländer ergeben sich dabei durchaus Möglichkeiten und Sparpotenziale, die allerdings oft einen erheblichen Kapitalbedarf erfordern. Dagegen ist die Situation vieler Milliarden Menschen in den Entwicklungsländern keinesfalls ohne deutlich steigenden Einsatz von Primärenergie auf ein modernen Standards entsprechendes Niveau anzuheben. Die chinesische Wirtschaft wächst so rasant, dass der Energiebedarf des Landes alle 2 – 3 Jahre um den Betrag des gesamten deutschen Energiebedarfs zunimmt. Mehr dazu auf der nächsten Seite. Solche Aspekte sind für die realistische und quantitative Abschätzung des zukünftigen Weltenergiebedarfs von entscheidender Bedeutung und relativieren die oft zu emotionalen lokalen Diskussionen über die Beiträge zur Rettung des Weltklimas.

Unumstößlich bleibt die Tatsache, dass konsequent energiesparendes Verhalten mit entsprechenden Investitionen die Vorräte, unser privates Portemonnaie und das nationale Budget für Energieimporte schont und dass Entwicklungs- und Forschungsarbeiten zu Energietechnologien die langfristige internationale Wettbewerbsfähigkeit unserer Wirtschaft stärken, denn Energie wird mit Sicherheit immer teurer werden, und: **Wir müssen heute die umweltschonenden und sparsamen Energietechniken entwickeln, die die ganze Welt in Zukunft dringend brauchen wird.**

Die globale Perspektive

Das Diagramm dokumentiert die ungleichen Lebensbedingungen der 6,6 Milliarden Menschen von heute. Erkennst Du das Konfliktpotenzial? Wie wird die Weltenergiesituation der vielleicht 9 Milliarden Menschen im Jahr 2050 aussehen?

1. Vergleiche anhand des Diagramms den Pro-Kopf-Primärenergiebedarf (PEB pro Kopf in kW) verschiedener Länder mit der wirtschaftlichen Leistungsfähigkeit (Bruttoinlandsprodukt, BIP). Die Zahlen des BIP sind ebenfalls pro Kopf und in Tausend Euro pro Jahr (kaufkraftbereinigt). Über 5 Milliarden Menschen „leben" in der gelb markierten unteren linken Ecke des Diagramms. Für fast alle von ihnen wäre ein Lebensstandard wie derjenige der Europäer (PEB: 4,4 kW/Kopf) höchst erstrebenswert. Wenn sie sich heute diesen Wunsch erfüllen könnten, würde sich der Weltenergieumsatz schlagartig weit mehr als verdoppeln. Der mittlere Welt-PEB beträgt zur Zeit etwa 2,2 kW (als Mittelwert über alle 6,6 Milliarden Menschen, arme und reiche). Wir sehen in diesem Diagramm eine Verknüpfung von Wohlstand und PEB und müssen akzeptieren, dass die Entwicklungsländer mit Macht in den Bereich eines höheren PEB drängen – und das kann zur Zeit nur überwiegend auf der Basis fossiler Energieträger erfolgen. Welche Konsequenzen muss das für die CO_2-Emissionen haben? (Die Zahlen im Diagramm sind umgerechnet aus verschiedenen Quellen und geben ungefähr die Situation im Jahr 2004 wieder.)

2. Berechne den Gesamt-PEB dieser Länder in Gigawatt:

Deutschland:	5,5 kW mal	82 Mio Menschen =		GW
China:	1,1 kW mal	1350 Mio Menschen =		GW
Indien:	0,4 kW mal	1000 Mio Menschen =		GW

Vergleiche das PEB-Wachstum in China (>+10% pro Jahr) mit dem deutschen PEB

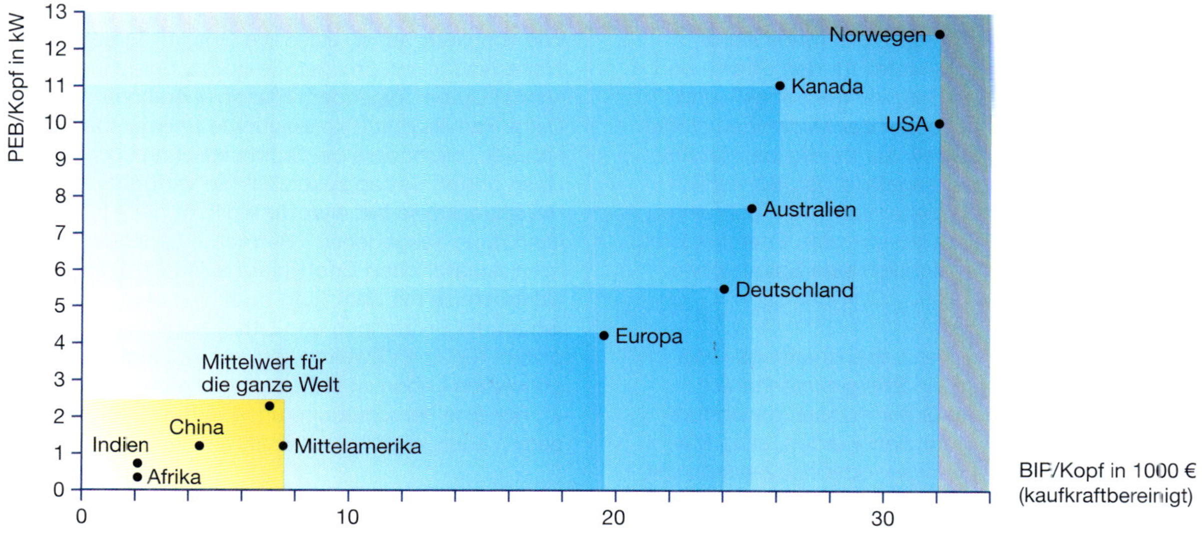

Die Natur schenkt uns alles - freigiebig und kostenlos

Es ist klar, dass wir für Sonnenschein, Wind und Regen nichts bezahlen ...

Ist Dir auch klar, dass selbst Öl, Kohle, Gold und Diamanten, und all die anderen Bodenschätze von den Menschen ganz ohne Bezahlung der Erde entnommen werden?

Wieso sind dann die Primärenergieträger, die Erze, Edelsteine und Metalle so teuer? Erstens kostet es Arbeit und Energie, die Rohstoffe zu finden, zu erschließen und zu fördern, und zweitens wollen die Besitzer der Ölfelder und Bergwerke „ihre" Schätze nicht so freigiebig verschenken wie die Erde es tut.

So steckt etwa im Preis einer Tonne Kohle wiederum ein Kostenanteil für den Strom- und Energiebedarf des Bergwerkbetriebes – und in den Anschaffungskosten der Maschinen steckt auch ein Energieanteil, der bereits bei Herstellung und Transport angefallen ist. Schließlich müssen alle Bergarbeiter von ihrem Lohnanteil am Kohlepreis auch ihre privaten Energiekosten begleichen – offensichtlich eine Spirale ohne Ende.

Tatsächlich ist in allen Lebenshaltungs- und Investitionskosten ein Energiekostenanteil enthalten. Manche Güter müssen besonders energieintensiv produziert werden, etwa Metalle, wie das Aluminium, oder der Zement, der mit sehr billigen Rohstoffen und sehr viel Energie erzeugt wird. Aber auch die Betriebskosten der Gärtnereien (Gewächshausheizung), Landwirte (Maschinen und Kunstdünger), der Fischerboote, Buslinien, Speditionen und der Fluglinien hängen entscheidend vom Energiepreis ab.

Wenn man den mittleren Energiekostenanteil in den Produktkosten abschätzen will, kann man die allgemeine Produktivität (Bruttoinlandsprodukt, BIP) und den Primärenergiebedarf (PEB) heranziehen:

BIP = 24 000 Euro pro Person und Jahr in Deutschland
PEB = 48 000 kWh pro Person und Jahr in Deutschland

Damit entfallen auf jeden „verdienten oder ausgegebenen Euro" zwei kWh Energie. Man kann deshalb pro Euro Warenwert durchschnittlich mit ca. 20 – 40 Cent Energiekostenanteil rechnen. Auch daran sieht man die Bedeutung der Energiepreise für die Lebenshaltung. Eine sichere Versorgung mit preiswerter Energie ist deshalb für die wirtschaftliche Lage eines Landes entscheidend.

Check

Wie schwierig es ist, eine faire Gesamt-Energieersparnis für den privaten Sektor zu berechnen, kannst Du bei folgendem Planspiel erahnen: Wenn Deine Familie durch konsequente Energiesparmaßnahmen, besonders bei Strom, Heizung und Auto, einen netten Betrag zusätzlich frei verfügbar in der Haushaltskasse hat – **wofür** wollt Ihr das ersparte Geld dann ausgegeben? Betrachte dabei den jeweiligen **zusätzlichen Energieaufwand** für eine schöne Urlaubsreise mit dem Auto oder Flugzeug, für Skifahren mit Seilbahnen und Liften auf Kunstschneepisten, für einen Zweitwagen, etc ... Wegen unseres generellen Lebensstandards ergibt sich dabei leider oft nur eine Verschiebung unserer Ausgaben zu wiederum energieintensiven Freizeitaktivitäten.

Die Eisernen Regeln

Von nichts kommt nichts!

Der Erste Hauptsatz

Energie kann nicht erzeugt werden und geht nicht verloren.

Man kann keine Maschine bauen und sich keinen Vorgang in der Natur vorstellen, der ohne äußere Antriebskraft oder ohne Treibstoff läuft. Mit anderen Worten: Ein Perpetuum Mobile ist unmöglich. *(Zum Perpetuum Mobile findest Du Informationen im Internet)*

Der erste Hauptsatz ist relativ leicht zu verstehen und könnte Anlass zur Hoffnung geben, dass es keine „Energieknappheit“ geben wird, weil ja Energie nicht verloren geht.

Leider gilt jedoch auch die zweite Eiserne Regel:

Dein Check!

Informiere Dich im Internet (u. a. in der Wikipedia) über die unterschiedlichen Formulierungen der Hauptsätze der Wärmelehre.

Von selbst wächst nur die Unordnung!

Der Zweite Hauptsatz

Alle Energieumwandlungen laufen so ab, dass mindestens ein Teil der wertvollen Energie in relativ wertlose „unordentliche“ Energieformen (beispielsweise nutzlose und lästige Abwärme) umgewandelt wird.

Wertvolle, teure Energieträger wie Nahrungsmittel, Benzin oder elektrische Energie werden eingesetzt – und immer entsteht zum Teil Wärme, oft in Form sehr lästiger Abwärme, die aufwändig abgeführt werden muss und die auch noch die Umwelt nutzlos erwärmt.

Beispiel Verkehr: Beim Verbrennungsmotor verschwindet zwangsläufig ein großer Teil der eingesetzten Energie durch den Auspuff in die Umwelt – und ist damit „entwertet“.

Beispiel Kühlschrank: Es wäre wundervoll, wenn man im Sommer die Getränke kühlen könnte (wobei man ihnen ja Wärmeenergie entzieht), um dann mit dieser entzogenen Energie direkt einen Motor zu betreiben. Aber es läuft leider anders herum: Ein Kühlschrank muss wertvolle elektrische Energie einsetzen, um die Wärmeenergie aus seinem Inneren nach außen (auf eine höhere Temperatur) zu pumpen. Dabei wird die Umgebung um die Summe von eingesetzter elektrischer Energie plus der dem Kühlgut entzogenen Wärme erwärmt. Im Sommer tragen der Verkehr und die Klimaanlagen zwangsläufig zur unerträglichen Hitze in manchen Großstädten bei.

In einer anderen Formulierung beschreibt der zweite Hauptsatz die Zunahme von Unordnung bei allen freiwillig ablaufenden Vorgängen – man spricht dabei von der Zunahme der Entropie. Mehr über diesen wichtigen Begriff findest Du auf den Seiten 35 und 66.

Die Konzentration entscheidet

Der Wert der Dinge hängt nicht allein davon ab, ob sie vorhanden sind, sondern vor allem davon, ob sie leicht verfügbar sind und auch in ausreichend konzentrierter Form vorliegen.

Was sind 150 Gramm Müsli wert? Wenn Deine Cornflakes auf dem Teller („konzentriert") liegen, sind sie eine wertvolle Mahlzeit. Wenn der Wind Deine Flocken über den Schulhof geweht hat, bleibt der Nährwert der Cornflakes unverändert – aber weil es sehr viel Energie kostet, sie wieder einzusammeln, ist ihr **Nutzwert** nur noch gering. Vermutlich überlässt Du diese Flocken jetzt besser den Vögeln.

Auch der Preis von Rohstoffen hängt entscheidend von den Gewinnungskosten ab, denn die gute Erde liefert uns alles gratis, ganz ohne Bezahlung. So gibt es im Meerwasser gelöst riesige Mengen wertvoller Metalle – jeder Kubikmeter Meerwasser enthält zum Beispiel 0,004 mg Gold und 3,3 mg Uran. Allerdings kann man diese Schätze mit unseren heutigen Technologien noch nicht rentabel gewinnen, denn der Energieaufwand für die Konzentration ist zu hoch. Wieviel Aufwand bereits im Goldbergbau getrieben wird, erkennst Du an den Zahlen für eine Goldgrube in Südafrika: Die Tiefe eines Schachtes beträgt bis zu 3900 m. 10 t Erz, also 10 000 kg, enthalten nur 0,1 kg Gold. Um 100 g Gold (mit einem Marktwert von ca. 1500 Euro) zu fördern und abzutrennen, muss neben der mühseligen menschlichen Arbeit auch sehr viel elektrische Energie eingesetzt werden: ca. 2000 kWh, die etwa 200 Euro kosten.

Wesentlich günstiger ist die Situation im Fall von Uranerz: Zur Zeit werden nur Lagerstätten mit einer Ergiebigkeit von etwa 3 kg Uran pro 1 t Erz abgebaut. Die Gewinnungskosten betragen dabei 30 – 100 Euro pro kg Uran, und allein diese Vorräte reichen sicher noch für 100 Jahre. Aber auch Lagerstätten von bis zu 0,3 kg pro t Erz sind durchaus abbauwürdig, auch wenn sie zur Zeit noch gar nicht in Betracht gezogen werden. Wird auch dieses reichlich vorhandene Erz abgebaut, so reichen unsere Vorräte nach Einschätzung der Geologen für viele hundert Jahre. Das ist realistisch, denn Gewinnungskosten von 500 Euro pro kg entsprechen etwa 3 Cent/kWh Stromkostenanteil. Das Uran im Meerwasser ist dabei noch gar nicht betrachtet. Allerdings ist in Japan, einem Land ohne eigene Energieträger, bereits ein biotechnologisches Verfahren zur Urangewinnung aus dem Meerwasser erfolgreich demonstriert worden.

Die Kohlelagerstätten dagegen enthalten die Energie oft in konzentrierter Form (Steinkohle) – oder sie sind etwas weniger konzentriert, aber im Tagebau leicht zu erschließen (Braunkohle). Diese „konzentrierten Energieträger" sind ein unglaublich wertvolles Geschenk der Natur. Die „Synthesefabriken" der Pflanzen haben im Laufe der Jahrmillionen dieses *Wunder an Energiekonzentration* vollbracht. Ähnliches gilt für die

Kleinlebewesen, die zu hochkonzentrierten Öl- und Erdgaslagerstätten geworden sind. Je weniger konzentriert solche Lagerstätten sind, desto teurer wird die Gewinnung.

Um die Energie des Windes zu gewinnen, muss man sehr großflächige Anlagen mit vielen hohen Masten errichten, denn die Windenergie ist *nicht* konzentriert und steht obendrein nicht gleichmäßig zur Verfügung. Wenn man Strom direkt aus Sonnenlicht gewinnen will, muss man sehr große Flächen mit teuren Solarkollektoren belegen, denn auch die Lichtintensität ist technisch betrachtet nicht konzentriert und zudem extrem schwankend zwischen Tag, Nacht, Wetter und Jahreszeiten.

Obwohl Energie nicht erzeugt und nicht vernichtet werden kann, ist es dennoch das Schicksal der Nutzenergie, bei Gebrauch immer weiter zerstreut und verteilt zu werden. Dabei verliert die Energie allmählich ihren Wert, so dass am Ende eine Verwandlung wertvoller Nutzenergie in nutzlose Wärmeenergie (Abwärme und Reibungswärme) erfolgt ist.

In konzentrierter Form (elektrische Energie, Kraftstoffe, Lebensmittel) hat Energie einen hohen Wert – in ungeordneter, zerstreuter Form (Erwärmung der Umwelt) dagegen ist sie wertlos. Die Verwandlung von wertvoller Energie in ungeordnete Formen kann man mit der *„Entropie“* beschreiben. Bei jeder Umwandlung von Energie nimmt der *Entropieanteil* (oft in Form von „Abwärme“ oder „Unordnung“) zu. Vorgänge, bei denen die Entropie zunimmt, laufen „wie von selbst“ ab. Aber der umgekehrte Vorgang, bei dem die Unordnung wieder beseitigt wird, benötigt den Einsatz neuer Nutzenergie. So könnte man denken, dass irgendwann alle Nutzenergie aufgebraucht ist und die Welt in Wärme und Chaos versinkt.

Nun sind alle lebendigen Strukturen, vom Bakterium bis zum Menschen, komplizierte und geordnete Formen – wie konnten sie sich entwickeln und wie können sie sich die ständig benötigte neue hochwertige Energie in Form ihrer „Lebensmittel“ beschaffen?

Für das Leben auf der Erde gibt es ein geniales Team – den **Energiespender Sonne** zusammen mit dem Stoffwechsel der Pflanzen. Ausschließlich die **Photosynthese** der Pflanzen erzeugt die energiereichen chemischen Verbindungen, die das Leben auf unserer Erde ermöglichen. Ohne sie gäbe es auf unserem Planeten nur totes Land und totes Wasser, Stürme und Wolken, Vulkane und Gletscher, Hitze oder Kälte – aber kein Leben.

Ein Vergleich: Im Internet befindet sich eine ungeheure Menge an Informationen, aber nicht in geordneter, konzentrierter und leicht zugänglicher, hochwertiger Form, sondern über viele Websites extrem verstreut. Natürlich sind unauffindbare Informationen wertlos – genau wie weit verstreuter Goldstaub. Deshalb ist eine Internet-Suchmaschine wie ***Google*** so außerordentlich nützlich. Übrigens sind die Erfinder von Google, L. Page und S. Brin, mit ihrem „Informations-Entropieverminderer“ in wenigen Jahren „reich wie Ölscheichs“ geworden.

Der Energie

kreislauf
des Lebens

Die frühe Erde hatte eine Atmosphäre ganz ohne Sauerstoff, voller Ammoniak und Methan, dann zunehmend reich an Stickstoff und CO_2. Erst durch die Photosynthesereaktion der Algen und später der grünen Pflanzen wurde ganz allmählich immer mehr Sauerstoff erzeugt, so dass schließlich unsere Atemluft mit über 200 Litern Sauerstoff pro 1000 Liter Luft entstand. Seit der „Kambrischen Explosion“ konnten sich deshalb die zahllosen „Sauerstoffatmer“ entwickeln (vergleiche Seite 18–19).

Der Energiekreislauf des Lebens

Die Sonne und die Pflanzen sind die Basis **allen** Lebens

Heute befindet sich in unserer Luft nur noch ein ganz geringer Anteil CO_2, nämlich ca. 0,4 Liter pro 1000 Liter Luft.

Dieses CO_2 benötigen die Pflanzen dringend für ihren Stoffwechsel und entziehen es der Luft. Selbst die größten Bäume leben hauptsächlich von Licht, Luft und Wasser. Die geringe Menge der zusätzlich eingebauten Mineralien kann man für den Energiekreislauf vernachlässigen. Das erkennt man beim Verbrennen von Holz, wobei nur sehr wenig Asche anfällt.

Photosynthese

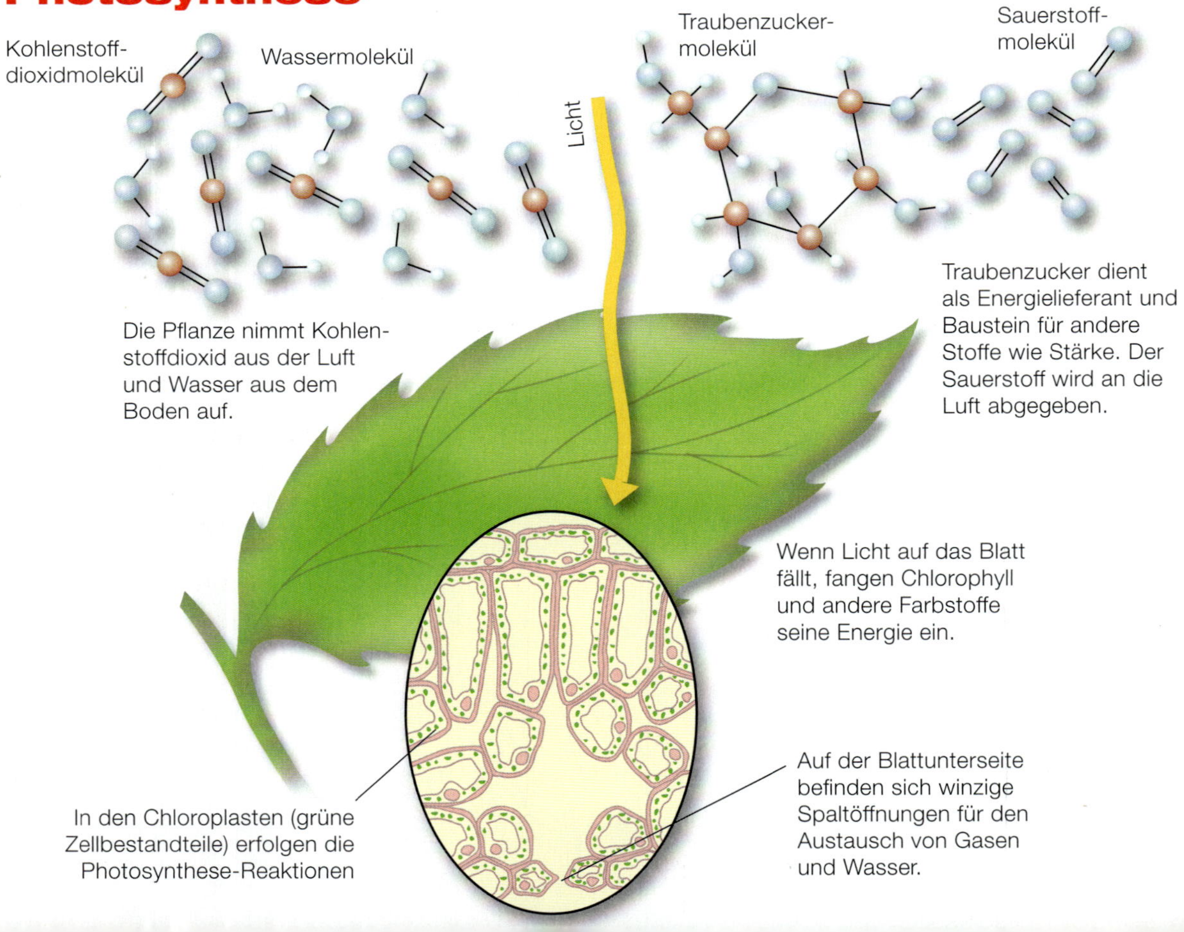
Kohlenstoff-
dioxidmolekül
Wassermolekül
Licht
Traubenzucker-
molekül
Sauerstoff-
molekül
Die Pflanze nimmt Kohlenstoffdioxid aus der Luft und Wasser aus dem Boden auf.
Traubenzucker dient als Energielieferant und Baustein für andere Stoffe wie Stärke. Der Sauerstoff wird an die Luft abgegeben.
Wenn Licht auf das Blatt fällt, fangen Chlorophyll und andere Farbstoffe seine Energie ein.
In den Chloroplasten (grüne Zellbestandteile) erfolgen die Photosynthese-Reaktionen
Auf der Blattunterseite befinden sich winzige Spaltöffnungen für den Austausch von Gasen und Wasser.

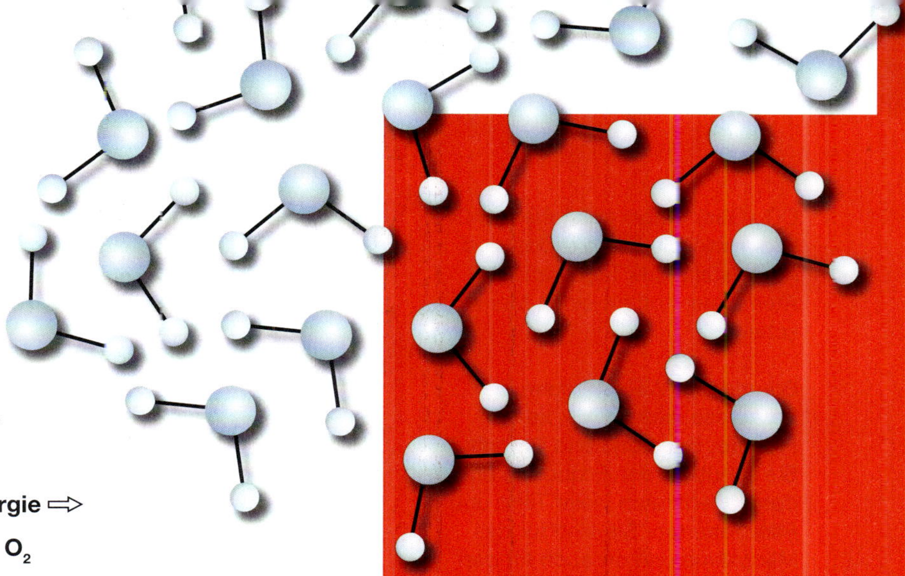

Mit Hilfe der Energie des Sonnenlichtes läuft in allen Pflanzen die Photosynthese in Form der „Glukosereaktion“ ab. Dabei werden zuerst energiereiche Zuckermoleküle aufgebaut:

$6\ CO_2 + 6\ H_2O$ + Lichtenergie ⇨

⇨ $C_6H_{12}O_6$ (Glukose) + $6\ O_2$

Unter optimalen Bedingungen können dabei über 10 % der Lichtenergie in chemische Energie umgewandelt werden. Durchschnittlich liegt der Wirkungsgrad ungefähr bei 1 %.

Das CO_2 müssen die Pflanzen mühselig aus der Atmospäre herausfiltern. Die Glukose ist ein energiereicher, wertvoller „Traubenzucker“, den wir in süßen Früchten wieder finden. Allerdings wird im Baum fast alle Glukose anschließend zu unverdaulicher, stabiler Zellulose zusammengesetzt. Daraus besteht dann das Holz und das Blattwerk. Ein großer Baum bildet an einem Sommertag bis zu 15 kg Glukose oder Zellulose. Dazu muss er 10% des CO_2 aus 300 000 000 Litern Luft herausholen und umsetzen – eine großartige Syntheseleistung (Quantitativ: 15 kg $C_6H_{12}O_6$ sind ca. 83 Mol, die aus 500 Mol CO_2 stammen, entsprechend 11 200 Litern reinem

Das Mol

Moleküle und ihre Atome existieren und reagieren in festen Zahlenverhältnissen. So enthält beispielsweise ein Wassermolekül (H_2O) 2 Wasserstoffatome (H) und 1 Sauerstoffatom (O).

Diese Zahlen kann man mit Hilfe der atomaren Massen direkt auf uns vertraute anschauliche Gewichte übertragen. H hat die Masse 1, O die atomare Masse 16, H_2O die Masse 18.

Deshalb reagieren 2 Gramm Wasserstoff (H) mit 16 Gramm Sauerstoff (0) zu 18 Gramm Wasser (H_2O). In 18 g Wasser sind $6 \cdot 10^{23}$ Moleküle H_2O enthalten, diese Menge wird als ein Mol bezeichnet. Die Anzahl $6{,}022 \cdot 10^{23}$ Atome oder Moleküle pro Mol ist eine fundamentale Naturkonstante, weil sie den Zusammenhang zwischen den uns vertrauten Massen in kg und der winzigen Masse einzelner Atome herstellt:

Zum Beispiel wiegt 1 Mol Kohlenstoff 12 Gramm. Ein einzelnes Kohlenstoffatom wiegt natürlich sehr wenig: $12/(6{,}022 \cdot 10^{23})$ Gramm = $2 \cdot 10^{-23}$ g.

CO_2-Gas). Dabei entstehen 11 200 Liter reiner Sauerstoff. Das sind mindestens drei Tagesrationen Atemsauerstoff für einen Menschen.

Bäume und Wälder bilden die Paradiese dieser Erde, liefern Früchte, Baustoffe und Brennholz. Sie schützen den Erdboden und den Lebensraum vieler Tiere und Pflanzenarten. Sie sind für das Mikroklima und oft auch für den Wasserhaushalt entscheidend – eine Erde ohne Bäume wäre schrecklich, und es ist ein ökologisches Drama, dass immer noch große Waldflächen vernunftwidrig abgebrannt werden, sodass die Waldfläche ständig abnimmt. Wälder werden zu recht „Grüne Lungen" genannt, denn die Luft in ihnen ist besonders rein, staubfrei und angenehm – allerdings ist es nie der Sauerstoff selbst, der in der freien Natur knapp wird.

Sehr nützliches Wissen

Kraft:	1 N (Newton)	= 1 kgm/s²
Energie:	1 J (Joule)	= 1 Ws (Wattsekunde)
		= 1 Nm (Newtonmeter)
	1 kJ (Kilojoule)	= 1000 J
		= 1 kWs (Kilowattsekunde)
	3600 kJ	= 1 kWh (Kilowattstunde)
	4,19 kJ	= 1 kcal (Kilokalorie)
Leistung:	1 W	= 1 Joule pro Sekunde
	1 kW	= 1,36 PS
	1 PS	= 0,735 kW
Max. Sonneneinstrahlung in Deutschland:		= etwa 1 kW pro m²

Die gesamte Sauerstoffmenge in der Atmosphäre ist mit 21% so überaus gewaltig, dass weder das „Veratmen" noch das Jahrhunderte lange Verbrennen von Holz, Kohle und Öl daran etwas spürbar geändert hat – verändert hat sich dadurch nur die Konzentration des „Spurengases" CO_2 von 0,028 % auf 0,038 % (280 bzw. 385 ppm, parts per million). Diese geringe, aber deutlich angewachsene CO_2-Konzentration kann wegen des „Treibhauseffektes" allerdings durchaus Folgen für das globale Klima haben (vgl. S. 84, 91).

Leider können unsere Bäume das heutige CO_2 nicht mehr nachhaltig aus der Atmosphäre entfernen, so wie es in der Frühzeit geschah. Damals bildeten sich die Kohlelager, heute aber verrotten die Bäume oder sie werden verbrannt. In jedem Fall geben sie dabei ihren gebundenen Kohlenstoff wieder als CO_2 an die Luft ab, denn sie haben keine Chance, in der Tiefe der Erde unter Luftabschluss zu Kohle zu werden. So sind sie ein Teil des **gegenwärtigen CO_2-Kreislaufes,** bei dem die Lebewesen, von den Bakterien bis zum Menschen, Lebensmittel und Sauerstoff zu CO_2 „veratmen". Die Pflanzen wiederum nutzen das CO_2 mit Hilfe des Sonnenlichtes zum Substanzaufbau, bilden auf diese Weise auch unsere energiereichen Nahrungsmittel und setzen gleichzeitig den Sauerstoff wieder frei.

Als Energieträger für unsere Ernährung produzieren die Pflanzen Zucker oder Stärke – dazu kommen noch pflanzliche Aminosäuren und Fette. Tiere bieten besonders viele Proteine (Eiweiße) und natürlich die tierischen Fette – die leckeren Kombinationen füllen Tausende von Kochbüchern. Entscheidend bleibt, dass wir vor allem essen, um unseren Energiebedarf zu decken. Erstaunlich ist, dass unser Gehirn, das ja nur ca. 1300 g wiegt, dennoch 20% unseres Energiebedarfs, also 20 Watt, für sich beansprucht. Wenn ihm die Zufuhr sauerstoffreichen Blutes verwehrt wird, fallen die Nervenzellen in Sekundenschnelle aus und sterben nach wenigen Minuten.

Auch Vitamine und Mineralien sind für die Ernährung wichtig, werden aber in so geringen Mengen aufgenommen, dass sie für die Energiebilanz unbedeutend sind. In der Wachstumsphase muss mit Hilfe der Nahrung auch ein wesentlicher Substanzaufbau erfolgen, aber generell gilt auch für Kinder:

Wer mehr energiereiche Substanz als nötig aufnimmt, wird nicht größer, stärker, schöner oder klüger, sondern nur fetter und viel leichter krank.

Oft benutzte wichtige Energieinhalte:

1 kg Spaghetti:	4,2 kWh (15 100 kJ)
1 kg Zucker:	4,7 kWh (16 900 kJ)
1 kg reiner Alkohol:	6,6 kWh (23 800 kJ)
1 kg Speisefett /-öl:	10,6 kWh (38 000 kJ)
1 Liter Speiseöl:	9,7 kWh (34 900 kJ)
1 Liter Dieselöl:	9,8 kWh (35 300 kJ)
1 Liter Benzin:	9,3 kWh (33 500 kJ)
1 kg Steinkohle:	8,1 kWh (29 300 kJ)
1 m³ Erdgas	ca. 10 kWh (36 000 kJ)
1 kg Autobatterie speichert:	max. 0,05 kWh

Die Werte liegen so nahe beieinander, weil der Energiegehalt jeweils als Verbrennungswärme freigesetzt wird. Man erkennt, dass Fette und Öle doppelt so energiereich sind wie Kohlenhydrate (Stärke, Zucker) – aber auch, dass elektrische Energie sehr schlecht zu speichern ist.

Dein täglicher Energiebedarf

Mädchen (14 – 18 Jahre):
7500 kJ pro Tag
(1800 kcal/d; 2,1 kWh/d)

Jungen (14 – 18 Jahre):
9200 kJ pro Tag
(2200 kcal/d; 2,6 kWh/d)

Davon sollte höchstens ein Drittel der Energie aus Speisefetten stammen.

Der berühmte Big Mac

und seine „Geschwister“ aus den Burger-Schmieden liefern pro Stück bereits 2100 kJ – ohne die Fritten und die energiereiche Cola.

1 Burger enthält ca. 38 g Fett – das ergibt 1444 kJ und damit schon den halben Gesamtfettbedarf pro Tag.

Lust auf workout: Sparkling Water für Tanja

Nach einem leckeren Big Mac (2100 kJ) und einer kleinen Cola (0,3l, enthält 33 g Zucker und damit 500 kJ) hast Du sicher Lust auf einen kleinen workout, um mit Deinen gebunkerten 2600 kJ etwas Nützliches anzufangen.

Zufällig hat sich Tanja aus Deiner Klasse beim Sport verletzt und nun braucht sie Deine Hilfe: Tanja liebt Sprudel (20 kJ/Liter). Sie bittet Dich, ihr eine Kiste Sprudel (10 kg) drei anstrengende Treppen hoch zu tragen, denn Tanja wohnt im 4. Stock, etwa 10 m über der Straße. Natürlich machst Du das gerne – und nun wollen wir einmal prüfen, wieviel Energie vom BigMac dabei abgearbeitet wird:

Dein Gewicht (60 kg) plus Kiste summieren sich auf 70 kg, die Hubarbeit W ergibt sich bekanntlich aus Gewichtskraft mal Höhe h.

$W = mgh = 70 \cdot 9{,}81 \cdot 10 = 6900$ J, also 6,9 kJ. Der Wirkungsgrad Deiner Muskeln beträgt 20%, also 1/5. Damit hast Du trotz deutlicher Anstrengung schlappe 34 kJ abgearbeitet. Nicht einmal die 6,9 kJ an Hubarbeit („potenzielle Energie“) bekommst Du zurück, wenn Du die Treppe wieder vernünftig hinunter gehst – so ist das leider trotz der großen Versprechungen des ersten Hauptsatzes.

Wenn Du Deinen Wasserkasten aus 10 m Höhe herabfallen lässt, kannst Du ganz erhebliche Zerstörungsarbeit leisten. Dann verwandelt sich Deine Hubarbeit nämlich ziemlich vollständig in Bewegungsenergie, und beim Aufprall wird daraus Verformungsarbeit. In diesem Fall zeigen die lächerlich wenigen Kilojoule, was wirklich in ihnen steckt, denn die Aufprallgeschwindigkeit beträgt 50 km/h, was wiederum Verkehrsteilnehmer nachdenklich machen sollte. Ein Fallschirm dagegen würde die mechanische Energie als Reibungswärme an die Luft abführen und so „unschädlich“ machen.

So entsteht auch der typische Fitnessstudio-Frust: Die 38 g Fett aus dem Big Mac sind offensichtlich nicht schnell und leicht verbrannt. Aber als Bauchspeck sollen sie möglichst nicht wieder auferstehen …

Was sind die Alternativen? Ausdauernde harte Arbeit, wie zum Beispiel 2 Stunden **angestrengtes** Fahrrad fahren, ist durchaus wirksam: 2h · 100 W Extraleistung · 5 (wegen des Muskelwirkungsgrades) ergeben 1 kWh oder 3600 kJ Nahrungsenergiebedarf. Die Energie wird dabei auch zum Teil aus den Zucker- und Fettvorräten des Körpers kommen. Die 100 W externe Leistung kannst Du natürlich auch beim flotten Treppensteigen zeigen: Ein einzelner Aufstieg zu Tanja ist mit 6,9 kJ in Anrechnung zu bringen und ist spielend in 1 Minute zu schaffen – 6,9 kWs/60s ergeben bereits die ordentliche Hub-Leistung von 115 W. Aber zwei Stunden lang immer nur Treppensteigen wird teuflisch – Fahrrad fahren ist da angenehmer.

Als **nützliche Merkzahl** kannst Du auch einen mittleren **Grundumsatz** (Gesamtnahrungsenergiebedarf, aber ohne Sport o.ä.) von etwa 360 kJ pro Stunde oder **100 W** annehmen.

Wenn Du das in Relation setzt zu den oft erstaunlich hohen Energieinhalten von fettigen oder süßen Speisen, dann bleibt Dir auch ohne Sport immer noch die Möglichkeit, Dein Gewicht vernünftig zu kontrollieren durch eine bewusste, ausgewogene und gesunde Ernährung.

Zu diesem Thema findest Du sehr viele Tipps im Internet.

Heben und Fallen

Bei der Hubarbeit gilt Energie

W = Kraft · Höhe.

Die Kraft ergibt sich aus

Masse · Erdbeschleunigung.

Wenn man die Masse m in kg, die Erdbeschleunigung g in m/s² und die Höhe in Metern einsetzt, erhält man die Energie direkt in Joule (kgm²/s²). Beim Absturz gelten die Gleichungen des gleichmäßig beschleunigten freien Falls, wobei nur die Erdbeschleunigung wichtig ist, denn alle Körper fallen gleich schnell:

Geschwindigkeit

$v = g \cdot t$

und zurückgelegter Weg

$h = 1/2\, g \cdot t^2$

ergeben zusammen:

$v = \sqrt{2 \cdot g \cdot h}$

Für h = 10 m erhält man

$v = 14\ m/s = 50{,}4\ km/h.$

Beim Aufschlag ist die kinetische Energie W_{kin} genau so groß wie die Hubarbeit W:

$W_{kin} = 1/2 \cdot m \cdot v^2 = W = m \cdot g \cdot h$

Damit kann man wegen der Energieerhaltung auch direkt die Aufprallgeschwindigkeit

$v = \sqrt{2 \cdot g \cdot h}$

ausrechnen.

Für meine tägliche Ernährung würden mir 0,2 Liter Dieselöl und 100 Gramm Steinkohle mit Majonnaise reichen – aber mein Motorrad verbraucht zusätzlich noch 56 Big Mac auf 100 km ...

25000 Pferde
im Stau am Autobahnkreuz Leverkusen

Wie ist ein Mensch mit seiner Muskelkraft eigentlich energetisch, im Vergleich zu einer Maschine, zu bewerten? Selbst wenn ein gut trainierter Mann 10 Stunden lang eine Leistung von 100 Watt erbringt, dann ist das über den Arbeitstag aufsummiert nur eine Gesamtarbeit (Energie) von einer Kilowattstunde (1kWh). Eine kWh an elektrischer Energie kostet den Endverbraucher ungefähr 20 Cent – und dafür kann man auch den anspruchslosesten Arbeiter nicht ernähren. Auch ein Dieselmotor liefert dasselbe Bild: Bei einem Wirkungsgrad von 33% entspricht 1 kWh mechanische Arbeit 3 kWh Wärmeenergie aus Diesel – dafür laufen nur 0,3 Liter Diesel durch den Motor, zum Preis von 33 Cent.

Wir sind verwöhnt, weil wir uns mit „technischen Sklaven und Arbeitstieren" umgeben haben:

Auf unseren Autobahnen galloppieren völlig unglaubliche Reiterarmeen einher. Beispielsweise hat ein moderner Fernlaster bis zu 500 Dieselpferdchen angespannt, die bei Volllast nur ca. 100 Liter in der Stunde „saufen", auf gerader Strecke sogar weniger als 1/5 dieser Menge – und wenn der LKW geparkt ist, dann ruhen sie bedürfnislos: Attila, Reitergeneral und Hunnenkönig, würde aus dem Staunen nicht herauskommen. Ähnliches gilt für die Landwirte auf den Feldern, denn hier ziehen 100 Pferde gleichzeitig den Pflug durch den Acker. Der Landwirt kann auf seinem Acker zum Beispiel Ölpflanzen anbauen und dieses Pflanzenöl kostet letztendlich im Supermarkt ca. 80 Cent pro Liter. Der Dieselkraftstoff kostet an einer deutschen Tankstelle bereits ca. 120 Cent pro Liter, (wobei der Steueranteil mehr als 60 Cent ausmacht). So ist das aufwändig hergestellte Lebensmittel Pflanzenöl, energetisch und technisch nahezu gleichwertig mit dem Motorendiesel, inzwischen billiger als das (versteuerte) Rohölprodukt von der Tankstelle – und darüber staunt jeder, der weiß, wie viel Mühe es macht, gesunde Lebensmittel bereit zu stellen.

CO_2 allgegenwärtig und schwer zu vermeiden

Der CO_2-Gehalt der Atmosphäre liegt zur Zeit bei etwa 385 ppm. Das sind 0,38 Liter (ein großes Bierglas voll CO_2) auf 1000 Liter Luft. Das ist sehr wenig – global betrachtet aber ist das eine Menge, die trotz der geringen Konzentration einen deutlichen Einfluss auf unser Klima hat.

Ganz gleich, ob Elefant, Eisbär, Mensch oder Fliege – wer immer von Heu, Körnern oder Spaghetti, von Fleisch oder von Fett lebt, der atmet Sauerstoff ein und atmet CO_2 aus. Bei der „Veratmung" („Verbrennung") der unterschiedlich energiereichen biologischen „Treibstoffarten", Kohlenhydrate (Zucker), Eiweiße (Fleisch) und Fette, entstehen unterschiedliche Mengen an CO_2, abhängig von dem jeweiligen Verhältnis von Kohlenstoff zu Sauerstoff im „Brennmaterial" Nahrungsmittel. Wenn man mit einer kleinen tragbaren Apparatur kontinuierlich das ausgeatmete CO_2 misst, kann man den momentanen Energieumsatz bei verschiedenen Arbeiten feststellen.

CO_2, das harmlose Gas in Bier, Sprudel und Atem, ist ungiftig. Es ist aber auch ein Treibhausgas in der Erdatmosphäre. Es entsteht ständig beim Stoffwechsel aller Sauerstoff atmenden Lebewesen, wobei dieses CO_2 Teil eines natürlichen Kreislaufes unserer Gegenwart ist. Grund zur Sorge bieten inzwischen die großen Mengen CO_2, die zwangsläufig bei der Verbrennung von Kohle, Öl und Erdgas entstehen. Dieses CO_2 wurde vor Jahrmillionen mit Hilfe der Photosynthese aus der Atmosphäre entfernt. Es reichert sich nun wieder (zur Hälfte) in der Atmosphäre an, zur anderen Hälfte löst es sich im Meerwasser. Wir betrachten deshalb die CO_2-Bilanz einiger Energieträger. Für eine umfassende Systemanalyse, etwa im Verkehrssektor, muss man den gesamten jeweiligen Primärenergieeinsatz berücksichtigen, weil ja Straßen, Schienenwege oder Schleusen, Häfen und Kanäle gebaut und gepflegt werden müssen – und dafür wiederum Energie benötigt wird. In summa eine recht komplizierte Situation. Außerdem kann beispielsweise Bahnstrom aus Kohle, Kernkraft oder aus regenerativen Quellen gewonnen werden. So fahren die Bahnen in der Schweiz völlig „CO_2-frei", weil dort nur Kernenergie und Wasserkraft zur Stromerzeugung eingesetzt werden.

Wir verschaffen uns im Folgenden zum Überblick einige sehr brauchbare Zahlen zur Freisetzung von CO_2 bei verschiedenen Brennstoffen.

Die CO_2-Bilanz der Brennstoffe

Energieträger	Wärmewert	CO_2-Bilanz
Kohle	1 kg ~ 8,14 kWh ~ 3,70 kg CO_2	0,455 kg CO_2 / kWh Wärme
Strom, erzeugt im Kohlekraftwerk, 40% Wirkgrad		1,140 kg CO_2 / kWh el. Energie
Strom aus Wasser, Wind oder Kernenergie		0,000 kg CO_2 / kWh el. Energie
Erdgas	1m³ ~ 10,00 kWh ~ 1,98 kg CO_2	0,198 kg CO_2 / kWh Wärme
Diesel, Heizöl	1 Liter ~ 9,80 kWh ~ 2,40 kg CO_2	0,245 kg CO_2 / kWh Wärme
Benzin	1 Liter ~ 9,30 kWh ~ 2,16 kg CO_2	0,232 kg CO_2 / kWh Wärme
Speisefett*	1 kg ~ 10,60 kWh ~ 2,80 kg CO_2	0,264 kg CO_2 / kWh Stoffwechselenergie
Kohlehydrate*	1 kg ~ 4,35 kWh ~ 1,50 kg CO_2	0,337 kg CO_2 / kWh Stoffwechselenergie

***Für Lebensmittel, Holz und Biosprit wurde der Kohlenstoff als CO_2 der heutigen Atmosphäre entnommen und belastet die Luft deshalb nicht zusätzlich – im Gegensatz zu fossilen Energieträgern**

Hier ist die Herleitung dieser Zahlen zu finden:

Kohle: Die chemische Reaktion lautet $C + O_2 \Rightarrow CO_2$. Weil 1 Mol C 12 g und 1 Mol O_2 32 g ausmacht, ergeben sich bei der Verbrennung von 12 g Kohlenstoff 44 g CO_2, außerdem werden 393 kJ Reaktionswärme frei. Im größeren Maßstab lautet die Gleichung: 1 kg Kohlenstoff erzeugt 44/12 kg = 3,7 kg CO_2 und setzt dabei 32 750 kJ Wärme frei. Für industrielle Prozesse gilt: **1 kg Kohle** liefert **29 300 kJ oder 8,14 kWh Wärme.** Diese Energie wird als **1 kg SKE (Steinkohleneinheit)** bezeichnet. Die CO_2-Freisetzung aus Kohle ist uneinheitlich, weil in ihr u.a. auch noch Wasserstoff aus der Biomasse vorhanden ist. Ein Mittelwert beträgt 3 kg CO_2/1 kg SKE.

Strom: Wird Strom in Kohlekraftwerken mit einem Wirkungsgrad von 40% erzeugt, so liefert 1 kg Kohle zuerst 8,14 kWh Wärme, die anschließend in 3,26 kWh elektrischer Energie verwandelt wird. Damit werden für **1 kWh elektr. Energie** maximal freigesetzt: 3,7/3,26 kg = **1,13 kg CO_2**.

Stromerzeugung aus Wind- und Wasserkraft oder Kernenergie setzt kein CO_2 frei.

Erdgas: Der Hauptbestandteil des Erdgases ist Methan, CH_4. Bei der Verbrennung entsteht auch Wasserdampf, H_2O. Damit wird die relative CO_2-Bilanz viel günstiger als bei der Kohleverbrennung: $CH_4 + 2O_2 \Rightarrow CO_2 + 2H_2O$.

1 m³ CH_4 (Energieinhalt ca. 10 kWh) enthält ca. 45 Mol. Daraus bilden sich 90 Mol H_2O und 45 Mol CO_2. Somit ergeben sich 1,98 kg CO_2 bei der Verbrennung. Zum Vergleich: Für dieselbe Wärmemenge von 10 kWh hätte man 1,2 kg Steinkohle benötigt und dabei ca. 3,6 kg CO_2 erzeugt.

Holz, Biosprit: Weil das bei der Verbrennung von Holz, Pflanzenöl, Biodiesel und Bio-Alkohol frei werdende CO_2 vorher von den Pflanzen aus der Atmosphäre entnommen und in lange Glukose-Molekülketten eingebaut wurde, bezeichnet man diese Brennstoffe als CO_2-neutral.

Diesel, Heizöl: Diese Energieträger enthalten langkettige Kohlenwasserstoffe. Wir benutzen näherungsweise die Bruttoformel $C_{16}H_{34}$ (1 Mol = 226 g). Die Dichte beträgt ca. 0,77 kg/Liter, so dass auf einen Liter 3,4 Mol entfallen. Damit ergeben sich bei der Verbrennung von 1 Liter Diesel oder Heizöl 3,4 · 16 Mol CO_2, also 3,4 · 16 · 44 g CO_2 = 2,4 kg CO_2.

Benzin enthält kürzere Kohlenwasserstoffketten mit entsprechend höherem Wasserstoffanteil und ist deshalb auch leichter flüchtig. Wir nähern die Zusammensetzung durch C_8H_{18} (1 Mol = 114 g). Die Dichte beträgt 0,7 kg/Liter, folglich ergeben sich 6,14 Mol/Liter. Als Verbrennungsprodukt von 1 Liter Benzin ergeben sich 6,14 · 8 · 44 g CO_2 = 2,16 kg CO_2.

Lebensmittel: Glukose $C_6H_{12}O_6$ reagiert zu 6 H_2O und 6 CO_2 mit der Reaktionswärme 2820 kJ/Mol (0,783 kWh/Mol; 1 Mol = 180 g). **Fett,** beispielsweise $C_{57}H_{104}O_6$, verbrennt zu 57 CO_2 und 52 H_2O mit der Wärmeabgabe von 34 080 kJ/Mol (9,467 kWh/Mol;1 Mol = 884 g). Der Sauerstoffgehalt von Glukose ist höher als der von Fett, so dass man bei der Oxidation („Veratmung“) von Glukose prozentual weniger Sauerstoff benötigt als bei Fett – und genau deshalb ist der Brennwert von Fett auch viel höher.

Abschließend wollen wir den **CO_2-Ausstoß eines Fahrzeugs** berechnen: 7 Liter Diesel auf 100 km entsprechen 16,8 kg CO_2/100 km oder 168 g/km. Ein Verbrauch von 8 Liter Benzin pro 100 km emittiert 173 g CO_2/km. Der von der Bundesregierung erwünschte mittlere Verbrauch von **120 g/km** ist bereits sehr gering und für viele Fahrzeuge unerreichbar.

Dein Check!

Bitte vervollständige Deine persönliche CO_2-Emissionstabelle für Diesel- und Benzinmotoren:

CO_2-Emission in g/km	Dieselverbrauch in Liter/100km	Benzinverbrauch in Liter/100km
12	0,5	0,55
24	1	1,1
72	3	3,3
96	4	4,4
120	5	5,6
	6	6,7
	7	7,8
	8	8,9
	9	10,0
	10	11,1
	12	13,3
	15	16,7
	20	22,2
600	25	27,8

860 Millionen Tonnen CO_2 pro Jahr in Deutschland emittiert*

Auf jeden der 82 Millionen Bundesbürger entfallen zur Zeit etwa 10,5 t CO_2-Emission pro Jahr, das sind 860 Millionen Tonnen CO_2 jedes Jahr. Emissionsziele von 8 t pro Person und Jahr sind von der Politik für 2020 angepeilt. Ist das nun viel oder wenig?

Wenn wir die Hälfte des Zielwertes von 8 t CO_2 für die Industrie (etwa Stahl, Aluminium und Zement) sowie für Fabriken, Landwirte und den öffentlichen Sektor reservieren, so bleiben 4 t für jeden der 82 Mio Bürger, also 4000 kg CO_2 pro Person und Jahr. Das sieht doch nach einer gewaltigen Menge aus – oder nicht?

Hier als Beispiel die Familie Müller mit zwei Kindern:

Heizölbedarf:
3500 Liter pro Jahr ergibt **8400 kg CO_2**

PKW:
20 000 km/Jahr mit 8 Liter Diesel/100 km; 1600 l/Jahr: **3840 kg CO_2**

Strom:
6 000 kWh/Jahr (50% Kohleanteil ⇨ 0,6 kg CO_2/kWh): **3600 kg CO_2**

Atmung:
ca. 350 kg CO_2 pro Person und Jahr; 4 Personen: **1400 kg CO_2**

Für die klimarelevante CO_2-Bilanz dürfen wir die Atmung ganz außer Acht lassen, weil die Müllers keinerlei fossile Energieträger verzehren. Es ergeben sich aber 15 840 kg CO_2 aus Kohle und Öl, was bei vier Personen zu je 3960 kg CO_2 pro Person führt, wobei der Strom zur Hälfte als CO_2-frei angerechnet ist. Wenn aber die Müllers keine Kinder mehr in ihrem Haushalt hätten, dann würden sie in diesem Fall bereits das doppelte der Ihnen zugestandenen CO_2-Menge emittieren, und der lang ersparte Flug in den Urlaub trägt mit weiteren 10 kg CO_2 pro 100 Personenkilometern bei. (Ein Hin- und Rückflug für zwei Personen in die USA erzeugt ungefähr 3000 kg CO_2). Seit Herr Müller das verinnerlicht hat, heizt er vorsichtiger, verbessert vor allem die Fenster und die Isolation seines Hauses, plant auch den Einbau eines Kaminofens für Brennholz, fährt viel weniger mit dem Auto und beneidet seinen französischen Kollegen Leclerc, der den Strom aus Kernkraftwerken und damit ganz ohne CO_2-Belastung bezieht.

*Das sind ca. 2,5 % der Welt-CO_2-Emissionen von ca. $3{,}5 \cdot 10^{10}$ t/Jahr (vgl. S. 91, 158).

Dein Check!

Bitte berechne die CO_2-Jahresemission Deiner Familie, indem Du die oben genannten Beispiele und Zahlenwerte auf Eure Situation überträgst.

Bei einer Mietwohnung kannst Du den Energieverbrauch in etwa über die jährlichen Heizkosten abschätzen: 1000 Euro entsprechen 1700 Liter Öl und bewirken ca. 4000 kg CO_2-Emission; bei Zentralheizungen mit Gas sind es 20% weniger, bei Kohleheizkraftwerken werden dagegen entsprechend 8000 kg CO_2 emittiert.

Bahn- und Bustransporte bleiben hier außer Acht, weil sie der Einfachheit halber dem öffentlichen Sektor zugerechnet wurden.

Auch der „versteckte, graue" CO_2-Anteil bei den Lebenshaltungskosten, etwa durch Herstellung und den Transport der konsumierten Waren, wird hier nicht extra berücksichtigt. Man kann aber abschätzen, dass im Mittel im Preis gekaufter Waren ein Energieanteil von ca. 2 kWh pro Euro „versteckt" ist. Auch daraus kann man einen CO_2-Anteil abschätzen: 2 kWh ~ 0,2 Liter Öl ~ 0,5 kg CO_2. Wenn also über die Haushaltskasse der Familie 12 000 Euro pro Jahr ausgegeben werden, dann ist darin eine CO_2-Menge von 6000 kg versteckt. In Deiner CO_2-Bilanz musst Du diese Summe aber nicht extra aufführen, weil sie in unserem Beispiel dem Sektor „Fabrikation und Transport" zugeordnet wurde (vgl. S. 32).

1

Heizungswärme

[ ] Liter Heizöl ⇨ [ ] kg CO_2 oder

[ ] m^3 Erdgas ⇨ [ ] kg CO_2 oder

[ ] Jahresheizkosten ⇨ [ ] kg CO_2

2

Fahrzeug 1

[ ] Jahres-km [ ] Verbrauch/100 km

[ ] Jahreskraftstoffbedarf ⇨ [ ] kg CO_2

3

weiteres Fahrzeug

[ ] Jahres-km [ ] Verbrauch/100 km

[ ] Jahreskraftstoffbedarf ⇨ [ ] kg CO_2

4

Strom

[ ] Jahresstrombedarf (0,6 kg CO_2 pro kWh) ⇨ [ ] kg CO_2

5

Flugreisen

[ ] Gesamte Flug-km (10 kg CO_2/100 km) ⇨ [ ] kg CO_2

wobei jede Person einzeln sowie die Hin- und Rückflüge getrennt berücksichtigt werden müssen

6

Summe

⇨ [ ] kg CO_2

7

Berücksichtige abschließend die Zahl der Personen in Deinem Haushalt und vergleiche diese mit der Richtzahl von 4000 kg CO_2 pro Person und Jahr ⇨ [ ] kg CO_2

Eure Richtzahl

Vorwärts mit viel Energie

Wandern macht Spaß – aber nach 20 Kilometern ist für viele der Spaß vorbei, und nur die Besten schaffen 50 km am Tag. Dagegen schafft jeder Radfahrer diese Distanz problemlos, sofern der Wind nicht kräftig von vorne bläst.

Fahrrad fahren ist eine sehr effektive Fortbewegungsart – mit einigen „Butterbroten“ schafft man sogar bis zu 100 km am Tag. Der „spezifische Energieverbrauch“ könnte mit 100W · 10h = 1 kWh pro 100 km beziffert und bereits mit einer leckeren Mahlzeit gedeckt werden.

Gegenwind, Zeitmangel und größere Entfernungen sind gute Argumente für die Anschaffung eines Mopeds oder eines Rollers: Jetzt kommt der Benzinverbrauch ins Spiel – 3,5 Liter auf 100 km sind normal. Damit stehen wir bei 33 kWh/100 km. Ist das nun viel oder wenig? Es scheint konkurrenzlos wenig zu sein, aber Du ahnst Deine Blamage, wenn Dein Vater behauptet, in seinem Mittelklassewagen, besetzt mit 4 Personen plus Hund, mit 7 Liter Diesel/100 km bei 130 km/h auszukommen. Da musst Du mindestens noch Deine Freundin (und einen halben Stoffhund) auf dem Roller mitnehmen, um bei dem „Verbrauch pro Personenkilometer“ in etwa gleichzuziehen, obwohl die 45km/h des Rollers nicht vergleichbar sind mit der Geschwindigkeit und dem Komfort des PKW.

Übrigens haben Roller, Motorrad und PKW selbst unter günstigsten Bedingungen (alle Sitzplätze ausgenutzt) keine Chance gegen einen vollbesetzten modernen Reisebus: Er befördert 60 Personen schnell und komfortabel bei einem Verbrauch von ca. 30 l/100km und ist mit 0,5 Litern pro 100 Personenkilometer unschlagbar. Die Bahn kann da nicht mithalten, denn sie muss erst einmal den Strom beziehen, der mit einem Wirkungsgrad von ca. 40 % aus Wärme erzeugt wird. Dabei beträgt der Wirkungsgrad eines modernen Dieselmotors auch bis zu 40 %.

Am Beispiel eines ICE (V_{max} = 300 km/h) mit einer maximalen Leistung von 8000 kW und einer mittleren Geschwindigkeit von 200 km/h erhält man einen Verbrauch von ca. 3000 kWh/100 km. Wenn alle 440 Sitzplätze belegt sind, ergeben sich 6,8 kWh pro 100 Personenkilometer. Wenn der Strom in Wärmekraftwerken (Kohle, Öl, Gas, Kernenergie) erzeugt wird, muss zusammen mit den Leitungsverlusten etwa das dreifache an Primärenergie eingesetzt werden.

Dir ist vermutlich schnell klar, dass sich diese Abschätzungen entscheidend verschieben können: Wird der Bahnstrom aus regenerativen mechanischen Quellen bezogen (Wind, Wasser), so ist die Stromerzeugung viel effektiver als im Wärmekraftwerk und umweltfreundlicher obendrein. Sind andererseits Verkehrsmittel nur schwach besetzt, so werden mit den leeren Sitzplätzen große Massen sinnlos bewegt und der Aufwand

„Colombo Express“

Länge:	335 m
Leistung:	93 000 PS
Geschwindigkeit:	45 km/h
Ladung:	8750 Container
Verbrauch:	26 000 l/100 km
pro Container:	3 l/100 km

(Foto: Hapag-Lloyd)

pro Person steigt rapide. Das gilt natürlich auch für die PKW, die allzuoft nur mit einer Person besetzt sind. Achtung, nicht zu vergessen: Wenn eine unnütze Fahrt gar nicht stattfindet, dann wird am effektivsten gespart!

Fassen wir zusammen: Das Fahrrad brauchte etwa 1 kWh/100 Personenkilometer, der Roller etwa 33 kWh/100 km, der Diesel-Pkw (bei 7l/100km) 69 kWh/100 km – die Anzahl der Mitfahrer wird jetzt entscheidend für die Bestimmung der Transporteffizienz pro Person. Beim vollen ICE liegen wir bei ca. 19 kWh pro 100 Personen-km, wobei der Wirkungsgrad der Stromerzeugung berücksichtigt wurde. Der vollbesetzte Reisebus ist der klare Effizienzgewinner mit nur 5 kWh/100 Personen-km. Aber Effizienz ist nicht alles – Komfort, Sicherheit und besonders die Transportgeschwindigkeit spielen oft eine entscheidende Rolle.

Beim Transport von Waren von der Fabrik zur Baustelle oder zum Geschäft bleibt ein LKW unersetzlich, beim Transport von Massengütern schlägt die Bahn den LKW wegen des geringeren Rollwiderstandes – aber ein Binnenschiff ist noch günstiger als die Bahn, und bei Öl und Gas ist die Pipeline sogar noch effizienter als ein Schiff. Offensichtlich haben die unterschiedlichen Transportsysteme alle ihre Berechtigung und ihre besonderen Stärken, denn sonst würden sie dem wechselseitigen Konkurrenzdruck nicht standhalten.

Der mit dem Energieeinsatz verbundene CO_2-Ausstoß des gesamten Verkehrssektors macht zur Zeit etwa 20% der Gesamtemissionen aus. Bemerkenswert ist, dass die 17 in Deutschland betriebenen Kernkraftwerke etwa die Menge an CO_2 einsparen, die der gesamte Verkehr auf unseren Straßen freisetzt: insgesamt ca. 150 Millionen Tonnen.

Dein Check!

Weil der Verkehr so „sichtbar" ist, haben sich Pferdekutschen und Automobile von Anfang an auch als Prestigeobjekte und Statussymbole etabliert.

1. Bitte untersuche die Werbung für Automobile im Hinblick auf die Betonung von
   - Gebrauchstüchtigkeit
   - Umweltfreundlichkeit, Kraftstoffverbrauch
   - Sicherheit für die Insassen
   - Prestige („Höchstgeschwindigkeit")
2. Hast Du den Eindruck, dass der spezifische Kraftstoffverbrauch im Laufe der Jahre als Verkaufsargument an Bedeutung gewonnen hat?
3. Vergleiche den Kraftstoffbedarf von Eurem Pkw mit dem Zielwert von 120 g CO_2/km.
4. Vergleiche den Kraftstoffbedarf von Reisebus und Jumbojet (siehe S. 55) und berechne den CO_2-Ausstoß pro Passagier-km.
5. Ein Jumbojet kann 416 Passagiere in drei Stunden 2700 km weit transportieren. Wieviele Busse (je 60 Plätze) muss man einsetzen, um dieselbe Zahl von Fahrgästen zu transportieren und welche Reisezeit ist zu veranschlagen?
6. Ein Jumbojet muss beispielsweise wegen Überlastung des Flughafens 30 min in einer Warteschleife kreisen. Er benötigt dazu 80% des Reiseflugverbrauchs (11 000 l/h). Wieviel CO_2 wird dabei „sinnlos" erzeugt und welche zusätzlichen Kosten entstehen bei einem Kerosinpreis von 0,4 Euro/Liter?

Weltweit unterwegs
Flugzeuge, Zugvögel und Schiffe

Unsere Zeit ist gekennzeichnet durch einen schnellen, weltweiten Austausch von Informationen und Kapital sowie den raschen, effektiven, weltweiten Transport von Waren und Menschen.

Besitzt Du eine Maschine, die Dich in Sekundenbruchteilen mit Informationsquellen in aller Welt verbindet und die Dir diese Datenmengen blitzschnell erschließt? Ich hoffe es, denn wenn Du das Internet nutzt, dann bist Du „global online – in real time".

Aber kannst Du Dir auch eine Maschine vorstellen, die Dich selbst in wenigen Stunden an jeden Ort der Erde bringen kann – und das mit dem geringen Energieaufwand eines Motorrollers, aber obendrein mit 20-facher Geschwindigkeit?

Fliegen ist aus Sicht der Energieeffizienz eine überraschend ökonomische Fortbewegungsart, wenn große Entfernungen zu überbrücken sind. Bitte betrachte den Steckbrief einer „747". Der Verbrauch von 2,9 l/100km bei einer Geschwindigkeit von 900 km/h ist zur Zeit eine Bestleistung. Zusätzlich wird bei einem solchen Flug noch ein großes Frachtvolumen (bis zu 40 t) mitgenommen. Bei der Landung hat der Jumbo seinen Treibstoff größtenteils verbraucht und ist ca.1/3 leichter.

Zum Langstreckenflugzeug gibt es erstaunliche Parallelen in der Natur – die Zugvögel. Kann die Natur es besser? Ein großer Schwan wiegt 10 kg, ist ein ausdauernder Flieger und braucht ca. 200 W Leistung, um mit 85 km/h im Langstreckenflug zu fliegen. Dafür muss er 1 kW Stoffwechselleistung bereitstellen und verbraucht pro Stunde 100 Gramm Körperfett. Das hält er 12 Stunden durch und ist am Abend 1000 km weiter (!) und ca. 1,2 kg leichter. Die meisten Zugvögel haben einen spezifischen Stoffwechsel, der es ihnen erlaubt, Körperfett direkt, ohne Umweg über Glukose, in den Muskeln umzusetzen. Das ist wegen der hohen Energiedichte des Fettes besonders effektiv. Dasselbe gilt für diejenigen unter den Schmetterlingen, die tausende von Kilometern zurücklegen. Eine Biene oder eine Fliege dagegen ist für kurze Flugstrecken optimiert und veratmet direkt Zucker. Zum Auftanken brauchen alle Zugvögel ruhige Rastplätze und einige ergiebige Mahlzeiten – sonst ist ihre nächste Etappe nicht zu schaffen.

Zurück zum Schwan: In der Luft beträgt sein spezifischer Energieverbrauch 1,2 kWh/100 „Personen-km", wobei seine Person nur 1/8 so schwer ist wie ein Jumbojet-Passagier, für den ja um die 30 kWh/100km aufgebracht werden müssen. Allerdings reist der Schwan ohne Gepäck. Schaut man sich die Gesamtgewichtsbilanz im Fluge an, gewinnt der Jumbo vor dem Schwan, denn ca. 350 000 kg Jumbo brauchen ca. 930 kg Kerosin auf 100 km – auf 10 kg Flugmasse kommen beim Jumbo lächerliche 26 g Sprit/100km. Unser starker Schwan hat 120 g Körperfett, also fast die fünffache Energiemenge, pro 100 km verbraucht. Dennoch hat der Vergleich Schwächen: Der Schwan begnügt sich mit „Biosprit" und seine Nutzlast beträgt 100%. Der Jumbo transportiert

Steckbrief
Boeing 747-400
„Jumbojet“
Lufthansa
Tragfläche: 525 m²
Startmasse: 412 770 kg
Reichweite: 14 300 km
Tankinhalt: 240 000 Liter
Geschwindigkeit: 910 km/h
Zahl der Passagiere: 416
Triebwerke: 4 Stück mit einer Schubkraft von je 280 kN
(Bildlich: „Jedes Triebwerk kann eine Masse von 28 t senkrecht hochheben“)
Kraftstoffverbrauch: 11 000 Liter Kerosin pro Stunde bei 910 km/h
Reiseflugleistung: ca. 55 000 kW
Optimaler Verbrauch: 1210 Liter/100 km
Verbrauch pro Passagier: 2,9 Liter für 100 Pass.km (Kerosin entspricht Diesel mit einer Emission von 2,4 kg CO_2/Liter)
CO_2-Emission: – 70 g CO_2 pro Pass.km
– ca. 530 000 kg CO_2 bei einfachem Flug Frankfurt – Sydney
– ca. 1300 kg CO_2 pro Passagier Flug Frankfurt – Sydney
(Der durchschnittliche Flottenverbrauch pro Sitzplatz bei Lufthansa zur Zeit: ca. 4 Liter/100km, entsprechend 96 g CO_2/km)
Insgesamt wurden bisher 1400 Boeing 747-Varianten ausgeliefert und damit über 3,5 Milliarden Menschen transportiert.

nur ca. 25% seines hohen Startgewichtes als Nutzlast. Auf eine Nutzlast von 10 kg bezogen braucht der Jumbo somit fast 100 g Sprit pro 100 km und dieser Wert liegt ganz nahe bei dem Fettverbrauch des stolzen Schwans.

Fliegen ist die beste Fortbewegungsart, wenn große Strecken schnell zurückgelegt werden sollen. Wenn aber große Massen zu transportieren sind, ändert sich das Bild, und deshalb bewegen wir uns nun – bildlich gesprochen – vom Schwan zum Wal. Blauwale wiegen bis zu 200 t und sind wie die Zugvögel echte „Weltenbummler“, wobei sie im Laufe eines Jahres Zehntausende von Kilometern zurücklegen. Sie beweisen, dass man im Wasser sehr große Massen mit relativ geringem Aufwand fortbewegen kann.

Das nutzen auch die technischen Seeungeheuer in ganz erstaunlicher Weise: Die großen doppelwandigen Supertanker der Hellespont-Klasse besitzen eine Gesamtmasse von über 440 000 t, wenn sie mit mehr als 450 000 m^3 Rohöl beladen sind. Sie werden angetrieben von haushohen 9-Zylinder-Dieselmotoren mit 36 900 kW Maximalleistung bei 76 Umdrehungen pro Minute. Auf Strecke reichen bereits 24 000 kW Dauerleistung für 30 km/h – ein Jumbojet ist mit der doppelten Leistung unterwegs, dabei zwar dreißig mal schneller, aber auch tausend mal leichter! Solch ein Supertanker ist nur mit 85 Watt pro Tonne motorisiert – und damit etwa genau so schlecht ausgestattet wie Du, wenn Du einen Mittelklasse-PKW alleine schieben musst!

Wenn Dir das merkwürdig erscheint, dann erinnere Dich daran, wie leicht es ist, ein größeres Boot mit dem Fuß vom Anleger abzudrücken – die Reibung des Wassers ist gering, solange die Geschwindigkeit klein ist. Ein Supertanker wird vom Persischen Golf um Afrika herum bis nach Europa etwa 28 Tage brauchen – sein Motor verbraucht dabei etwa 3 000 m^3 Dieselöl. Gemessen an der transportierten Menge von 450 000 m^3 sind also nur 7/1000 für den Transport über 20 000 km aufgebraucht worden – auch eine technische Bestleistung: Auf 100 Transportkilometer ergibt sich ein Verlust von $3 \cdot 10^{-5}$. Ein Tank-LKW verbraucht etwa 30 Liter für einen Transport von 50 m^3 Dieselöl über 100 km: Das ergibt einen relativen Verlust von $6 \cdot 10^{-4}$. Der Seetransport ist damit 20-fach effektiver als der Landtransport und 300-mal effektiver als ein Jumbojet, der 930 kg Kerosin verbrennen muss, um 100 t Nutzlast 100 km weit zu transportieren.

Steckbrief Schwan

Tragfläche:	0,7 m^2
Startmasse:	10 kg
Reichweite:	1000 km
Tankinhalt:	1,3 kg Fett
Geschwindigkeit:	85 km/h
Triebwerke:	2 (je 100 W)
Kraftstoffverbrauch:	100 g/h
Reiseflugleistung:	ca. 0,2 kW
Optimaler Verbrauch:	120 g Fett/100 km

Länge: max. 30 m
Masse: bis über 150 000 kg
Pumpzentrale Herz: Gewicht bis 1000 kg, Leistung ca. 2 kW
Tauchtiefe: über 150 m
Reisegeschwindigkeit: 20 km/h
Maximale Geschwindigkeit: ca. 50 km/h
Maximale Antriebsleistung: geschätzt 200 kW
Zwischentank (Magen) Inhalt: 2000 Liter
Reichweite: weltweit, unbegrenzt, „Nachtanken“ erfolgt während der Fahrt
Steckbrief
Blauwal
Die Blauwale sind die größten Lebewesen auf unserer Erde
Anzahl 1920: über 200 000 – Anzahl 2007: ca. 10 000

Tatsächlich macht der weltumspannende Transport von chemischer Energie in Form von Öl, Kohle und Gas mit Hilfe von Schiffen und Pipelines die größte globale Transportleistung aus. So beträgt der Importbedarf an Rohöl für die Bundesrepublik 112 Millionen t, also 1,37 t pro Einwohner und Jahr. Bei einem Preis von 400 Euro/t entfallen auf eine vierköpfige Familie 2200 Euro/Jahr, die an die Ölförderländer gezahlt werden müssen. Auf das ganze Land gerechnet muss die BRD für Öl 45 Milliarden Euro/Jahr und für Erdgas 21 Milliarden Euro/Jahr ausgeben.

Zum Vergleich: Der Forschungsetat der Regierung beträgt ca. 10 Milliarden Euro, weniger als 1/6 dieser Summe.

Herausforderung an die Zukunft

Es ist eine zur Zeit noch ungelöste technische Herausforderung, elektrische Energie mit der Effizienz von Tankschiffen und Pipelines über globale Distanzen zu transportieren – etwa von Solarkraftwerken in den sonnenbestrahlten äquatornahen Wüstenregionen bis in die nördlichen Ballungsräume und Industriezentren. Mit der Hochspannungs-Gleichstrom-Übertragung (HGÜ) zeichnet sich nun eine Option für den Netzbetrieb über sehr weite Entfernungen ab (vgl. S. 105, 143).

Der lange Weg zur Endverwendung

Umwandlung ist teuer: aus 3 Einheiten Primärenergie erzielt man oft nur 1 Einheit Nutzenergie

Für den Förster ist die Lage noch einfach: Seine Bäume im Wald sind die primären Energieträger, das gesägte und gespaltene Kaminholz auf dem Lagerplatz ist die „Sekundärenergie" – und Du freust Dich über die „Nutzenergie" Raumwärme, wenn Du mit dem Kaminofen das Wohnzimmer heizt. Dafür hat die Sonne jahrzehntelang geleuchtet, Forstarbeiter haben hart gearbeitet und Sprit für Sägen und Motoren eingesetzt – und am Schluss geht Dir leider immer noch ein Drittel der Sekundärenergie als Abwärme durch den Schornstein verloren. Nach gar nicht so vielen Stunden ist schließlich die gesamte Energie durch Fenster und Wände entschwunden oder hat beim Luftaustausch den Weg nach draußen gewählt. Wärme ist eben sehr „freiheitsliebend" und schwer einzusperren.

Seit etwa 200 Jahren ist es nicht mehr das Brennholz, sondern die fossilen **Primärenergieträger** Kohle, Erdöl und Erdgas müssen unseren gewaltigen Energiebedarf decken. Dazu kommt das Uran für die Kernkraftwerke und die unerschöpflichen Energien wie Sonne, Wind und Wasser. Kohle und Erdgas können direkt verbrannt werden, Erdöl muss destilliert werden zu Benzin, Diesel oder Schweröl – erst diese **Sekundärenergieträger** können die Endverbraucher kaufen. Ein Spediteur aber will mit dem Diesel nicht heizen, sondern einen LKW betreiben. Ihn interessiert, wieviele Kilowattstunden Antriebsarbeit letztendlich seine LKW-Motoren aus dem Sprit heraus holen – ihn interessiert die **Nutzenergie** an der Antriebsachse, nicht die verlorene Auspuff- und Kühlerwärme. Weil die Verbrennungsmotoren nur einen Wirkungsgrad von 30 – 45 % haben, erzielt man mit ihnen aus 3 kWh primärer Energie nur ca. 1 kWh Endenergie.

Sind da Elektromotoren nicht viel besser? Genau richtig! Besonders mit großen Industriemotoren wie in den Elektrolokomotiven sind phantastische Wirkungsgrade erzielbar – bis zu 98 %! Elektromotoren verwandeln die hochwertige elektrische Energie („Strom") mit extrem geringen Verlusten in hochwertige mechanische Nutzenergie – schnell, sauber, leise, verlustarm, abgasfrei! Auch umgekehrt klappt es phantastisch: Ein Generator erzeugt aus mechanischer Energie ebenso verlustarm die elektrische Energie. Inzwischen kann man Strom über die Verbundnetze quer durch Europa bis in jedes Haus liefern: Der Alleskönner **Strom ist für uns ein idealer Sekundärenergieträger!**

Die Geschichte der Entdeckung der Elektrizität, die Elektrifizierung, die Entwicklung der Motoren, der Kraftwerke und allumspannenden Stromnetze, der großen und kleinen Elektromaschinen ist hochinteressant. Wir nutzen Kühlschränke, elektrische Beleuchtung und natürlich Elektronik, Informationstechnik, Telephon, Radio, Fernsehen, Internet und Computer. Fabriken ohne Aufzüge, Kräne und Roboter sind längst undenkbar. Wir alle könnten kaum noch in einer Stadt ohne Strom leben, so sehr haben wir uns auf seine hilfreiche Allgegenwart eingerichtet.

Tatsächlich kann sich niemand mehr eine Zukunft für ein modernes Land ohne Strom vorstellen – Stromverbrauch und Produktivität, und damit der allgemeine Wohlstand, sind sehr eng miteinander verkoppelt. Man kann zu Recht behaupten, dass derjenige, der jederzeit genügend preiswerten Strom hat, *alle* Energieprobleme damit lösen kann, denn mit Strom kann man praktisch alle anderen Energieträger ersetzen. Im äußersten Notfall könnte man sogar mit Hilfe von Strom synthetischen Kraftstoff für Fahrzeuge herstellen, obwohl das sehr teuer würde.

Strom

Strom ist extrem wertvoll und unglaublich vielseitig, geradezu unersetzlich!

Dennoch hat er drei große Handicaps:

1. **Seine Erzeugung ist aufwendig und oft umweltbelastend.**
2. **Er muss über teure Leitungsnetze verteilt werden – das klappt zwar europaweit, aber nicht weltweit.**
3. **Er kann nicht effektiv gespeichert, gelagert oder mit „Tankschiffen" weltweit transportiert werden.**

Woher kommt der Strom, der uns an der Steckdose jederzeit zur Verfügung steht?

Weltweit überwiegend aus Wärmekraftwerken. Dafür müssen riesige Mengen von Kohle verbrannt werden, um Wasser zu Heißdampf zu erhitzen und mit dem Dampf die Turbinen samt Generatoren anzutreiben. Die Dampferzeugung ist sehr effektiv – aber die Energie des Heißdampfes kann bestenfalls zur Hälfte in hochwertige mechanische oder elektrische Energie umgewandelt werden. Das ist nicht die Schuld dummer Ingenieure, sondern eine unerbittliche Folge des 2. Hauptsatzes (Seite 33). Deshalb werden Wirkungsgrade bis zu 45% für Wärmekraftwerke erzielt und nur geringe Verbesserungen sind noch möglich. Wir stehen beim Kraftwerk vor demselben Dilemma wie beim Automotor: 3 kWh Primärenergie erzeugen nur ca. 1 kWh Sekundärenergie. Ein Kraftwerk mit **1 GW** elektrischer Leistung muss dafür in jeder Minute 5 t Kohle verfeuern – **im Jahr 2,7 Millionen t Kohle**, und erzeugt zwangsläufig jährlich ca. **9 Millionen t CO_2**. In Deutschland beträgt unser mittlerer Bedarf an elektrischer Leistung zwar „nur" 660 W/Person, aber das allein ergibt für ganz Deutschland enorme **54 GW als Mittelwert**. Zur Deckung des im Tagesverlauf stark schwankenden Bedarfs sind deshalb Kraftwerke mit insgesamt der doppelten Leistung vorhanden.

Glücklicherweise wird Strom nicht nur von Kohlekraftwerken, sondern auch CO_2-frei durch Kernenergie, Wasserkraftwerke und Windkraftanlagen erzeugt.

Stauseen und **Wasserkraftwerke** sind überwiegend beliebt, weil sie uns oft den sympatischen Anblick eines von Bergen eingerahmten Sees bieten, nur geringe Unterhaltungskosten verlangen und zusätzlich dem Hochwasserschutz, der Wasserwirtschaft oder großräumigen Bewässerungsprojekten dienen. Dabei mag man vergessen, dass die großen Stauseen oft viel wertvolles Land unter Wasser setzen. Im 3-Schluchten-Großprojekt in China wird eine Fläche von über 1000 km² überflutet, Lebensraum von 2 Millionen Menschen in 13 Städten. Die Rückhaltung des fruchtbaren Nilschlamms durch den Assuan-Staudamm hatte schwerwiegende ökologische Konsequenzen. Dennoch – vom Standpunkt der Elektrizitätserzeugung ist der Strom aus Wasserkraft zuverlässig und gut regelbar.

Der Wirkungsgrad kann 90 % übersteigen, weil hochwertige Energieformen direkt ineinander verwandelt werden:
potenzielle Energie der Wassersäule
⇨ kinetische Energie des Wasserstrahls
⇨ Rotationsenergie der Turbine
⇨ elektrische Energie im Generator.

Wissenswert

Nützliche Zahlen:

1 Nm = 1 J = 1 kgm²/s² = 1 Ws = 1 VAs
1 Jahr = 8760 Stunden ~ π · 10⁷ Sekunden ☺
1 GWh = 123 Tonnen Steinkohle (123 t SKE)
1 GWJahr = 1,08 Millionen t SKE

„Absolute" Temperatur T in „Kelvin" (K): Kelvingrade (K) = Celsiusgrade (°C) + 273,15

Leistung:	Beispiele:	
1 W (Watt) = 1 J/s = 1 VA = 1 kgm^2/s^3	Fahrradbirne:	2 W
1000 W = 10^3 W = 1 kW (Kilowatt)	Kochplatte:	2 kW
1000 kW = 10^6 W = 1 MW (Megawatt)	Elektrolok:	7 MW
1000 MW = 10^9 W = 1 GW (Gigawatt)	Kraftwerk:	1 GW
1000 GW = 10^{12} W = 1 TW (Terawatt)	Kraftwerke weltweit:	2 TW
	Primärenergie weltw.:	15 TW
	Hurrikan:	200 TW
1000 TW = 10^{15} W = 1 PW (Petawatt)	Golfstrom:	5 PW
	Sonne an Erde:	170 PW
	Erde ins Weltall:	170 PW

Der Nachschub an Betriebsstoff ergibt sich „gratis" aus dem unerschöpflichen Wasserkreislauf, angetrieben von der Sonnenwärme. Nur der Kapitalbedarf zur Errichtung von Wasserkraftwerken und der Landverbrauch für Stauseen ist erheblich – und für Deutschland vermutlich ausgereizt. In Deutschland können **4 % des Strombedarfs aus Wasserkraft** gedeckt werden, die Leistung beträgt max. 3,4 GW (Weltweit ca. 740 GW). Dazu kommen Pumpspeicherwerke, die Überschussstrom benutzen, um Wasser hoch zu pumpen und bei Bedarf wieder aus Wasserkraft Strom zu erzeugen. Sie können 5,5 GW zusätzlich liefern aus ihrem Gesamtvorrat an 200 GWh (= potenzielle Energie der Wasserspeicher).

Der Ausbau der Windenergie ist in Deutschland allenthalben sichtbar. Auch hier gibt es etwas umsonst – die Energie des Windes. Leider weht der Wind sehr ungleichmäßig und richtet sich nicht nach dem momentanen Energiebedarf. Deshalb müssen für die ca. **19 000 Windanlagen** (2007) in Deutschland, die maximal insgesamt 20,5 GW Leistung abgeben können, entsprechend schnell regelbare konventionelle Ersatzkapazitäten von ebenfalls 20 GW installiert sein – als Ausgleich für Flauten und für starke Stürme, bei denen die Rotoren abschalten. Besonders Erdgaskraftwerke werden für diesen Ausgleich neu gebaut. Insgesamt hat die **Windenergie 2006 mit 5,7 % zur Stromerzeugung** in Deutschland beigetragen, wobei insgesamt 30,6 TWh ins Netz eingespeist wurden. Zum Vergleich: Vier konventionelle Kraftwerke von je 1 GW Leistung und 80% Verfügbarkeit könnten dieselbe Strommenge liefern, denn der Wind ist nur zu 17 % so „fleißig" wie es die Windanlagen gebrauchen könnten.

Die **17 deutschen Kernkraftwerke** haben zusammen ziemlich genau die gleiche installierte Leistung, nämlich 20,3 GW. Wegen ihrer hohen Zuverlässigkeit und Verfügbarkeit haben sie 2006 insgesamt 167 TWh ins Netz eingespeist und damit **26,3 % des Strombedarfs gedeckt.** Weltweit sind ca. 400 Kernkraftwerke in Betrieb. Ein Kraftwerk mit 1,3 GW el. Leistung benötigt pro Jahr ca. 25 t Uran, angereichert auf 3,5% des spaltbaren Anteils ^{235}Uran. (25 t Uran sind zu vergleichen mit rund 4 Millionen t Kohle für ein gleich großes Kraftwerk.) Der jährliche Weltbedarf an Uran kann nach Abschätzungen der Geologen noch viele Jahrhunderte lang aus konventionellen Lagerstätten gedeckt werden. Die Entwicklung und Inbetriebnahme von weiter verbesserten Kernreaktoren wird dazu führen dass die weltweite Stromproduktion aus Kernenergie (derzeit etwa 350 GW) auch in Zukunft eine wesentliche Rolle spielen wird (S. 138).

Die oft emotionalen Diskussionen in Deutschland haben dazu geführt, dass hierzulande zuverlässige und bewährte Kernkraftwerke abgeschaltet werden sollen. Der geplante „Ausstieg“ ist nach Bewertung der Fachleute technisch oder mit einer Gesundheitsgefährdung kaum begründbar. Er ist vielmehr ein deutscher „Alleingang“ und hat seine Ursachen vorwiegend in nationalen politischen Strömungen und öffentlichen Diskussionen, die auch als eine Reaktion auf die Reaktorkatastrophe in Tschernobyl im Jahr 1986 zu verstehen sind. Allerdings sind die Tschernobyl-Reaktoren als Anlagen auch zur Erzeugung von Waffenplutonium für die Sowjetarmee gebaut worden. Ihre Bauart ist grundverschieden von allen deutschen Anlagen und entspricht nicht unseren hohen Sicherheitsstandards.

Modernes Kohlekraftwerk

Schematische Darstellung

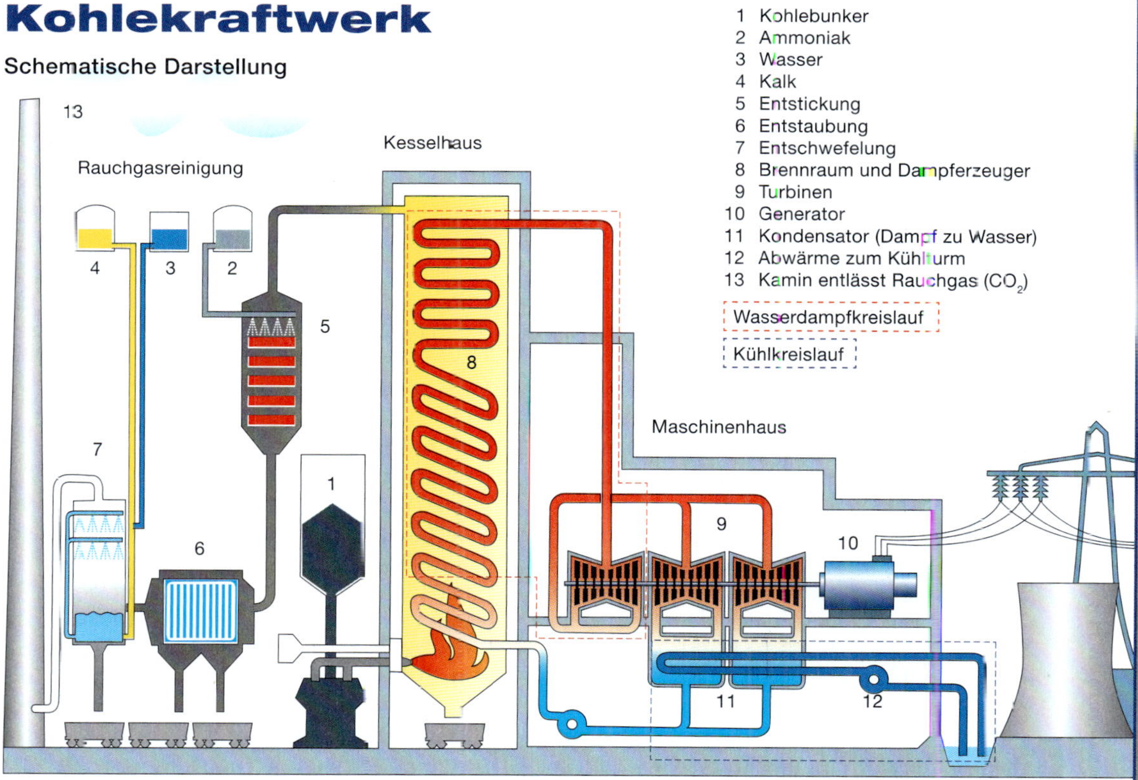

Energieumwandlung in Wärmekraftmaschinen

Kraftwerke, Dampfmaschinen, Gasturbinen, Benzin- und Dieselmotoren sind Wärmekraftmaschinen, die eine gemeinsame physikalische Basis haben, denn sie erzeugen heißes Gas unter hohem Druck, das dann mechanische Arbeit leistet. Dabei wird „geringwertige" Wärmeenergie in „hochwertige" mechanische oder elektrische Energie umgewandelt. Der Wirkungsgrad ist dabei durch die Physik auf weit unter 100% begrenzt und wird zum Beispiel mit Hilfe des „Carnot'schen Prozesses" erklärt. Entscheidend für einen effektiven Prozess ist es, dass sich ein Gas, beginnend von *möglichst hoher Temperatur,* ausdehnt und dabei möglichst viel Arbeit am Kolben leistet, ohne dass die Wärme durch die Zylinderwände verschwindet. Das Gas soll sich *durch die Arbeitsleistung möglichst weitgehend abkühlen.* Schlecht sind deshalb die unvermeidlichen Energieverluste durch Wärmeübergang auf die Expansionsmaschine. Dies kann ein Dampfzylinder, eine Turbine oder ein Automotor sein. Immer beträgt die physikalische Obergrenze des Wirkungsgrades η (η = „eta").

$$\eta = (T_{heiss} - T_{abgas}) / T_{heiss},$$

wobei die Temperaturen in Kelvin (K) eingesetzt werden müssen. Beim **Kohlekraftwerk** beträgt die Heißdampftemperatur beim Eintritt in die Turbine T_h = 873 K (600 °C), die Abdampftemperatur $T_{abdampf}$ = 323 K (50 °C). Das ergibt η = 63%. Der tatsächliche Wirkungsgrad „Kohle zu Strom" von max. 45% wird bestimmt durch die Rauchgasverluste, die Verluste beim Wärmeübergang am Dampfkessel und Verluste in der Turbine. Bei 45% Wirkungsgrad fallen fast 50% der eingesetzten Wärme als Abwärme hinter der Turbine an. Die weithin sichtbaren Kühltürme dienen dazu, diese enorme, aber unvermeidliche Abwärme, oft mehrere Gigawatt, bei möglichst geringer Temperatur „loszuwerden". Die dabei aufsteigenden Wasserdampfwolken sind harmlos. Sie vermeiden die Ableitung von Abwärme in Gewässer, dienen damit primär dem Umweltschutz, werden aber oft irreführend als Bildmaterial zur Schadstoffemission missbraucht. Mögliche Schadstoffe verlassen ein Kraftwerk durch den Schlot. Der Energiebedarf für die Antriebsenergie der Maschinen zur Kohleförderung und die Abgasreinigung mindern den Wirkungsgrad der Stromerzeugung zusätzlich. Staub und SO_2, die Ursache für schweflige Säure in saurem Regen, werden inzwischen effektiv aus den Rauchgasen entfernt. Die Entfernung von CO_2 dagegen ist eine ungleich schwierigere Aufgabe, denn CO_2 ist, chemisch gesprochen, das Hauptprodukt aller Verbrennungskraftwerke: „Alles, was als Kohle reingeht, kommt als CO_2 wieder raus …" (vgl. S. 126).

Auch **Kernkraftwerke** sind Wärmekraftwerke. Sie benötigen deshalb ebenfalls Kühltürme für die Abwärme. Die Dampferzeugung aber wird durch die Wärmeabgabe bei Kernreaktionen (Kernspaltung von ^{235}Uran) bewirkt, nicht dagegen durch eine chemische Verbrennungsreaktion. Deshalb gibt es kein Rauchgas und keine CO_2-Emission.

Im **Automotor** wird die angesaugte und verdichtete Luft durch Kraftstoffverbrennung im Zylinder erhitzt, wozu beim Diesel feinster Kraftstoff-„Nebel" unter sehr hohem Druck direkt eingespritzt wird. Typisch ist eine winzige Menge von 15 mg (0,015 Gramm) pro Arbeitstakt bei einem PKW. Das verbrennende „Tröpfchen" Diesel erhitzt die Luft auf 2000 °C, erhöht damit den Druck im Zylinder und treibt den Kolben abwärts. Die Luft kühlt sich dabei ab und wird direkt nach der Expansion als Abgas mit 250 – 500°C ausgestoßen. Dazu gibt es noch ein paar interessante Zahlen im „Rechenkästchen Dieselmotor".

„Rechenkästchen“ Dieselmotor

Die Arbeitstakte des Dieselmotors

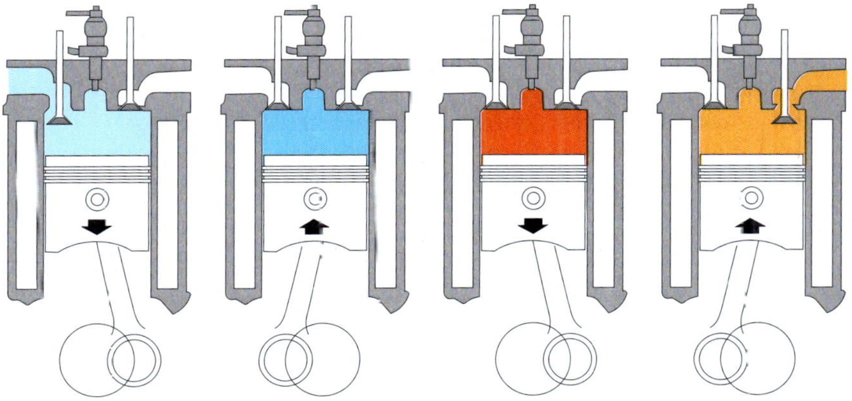

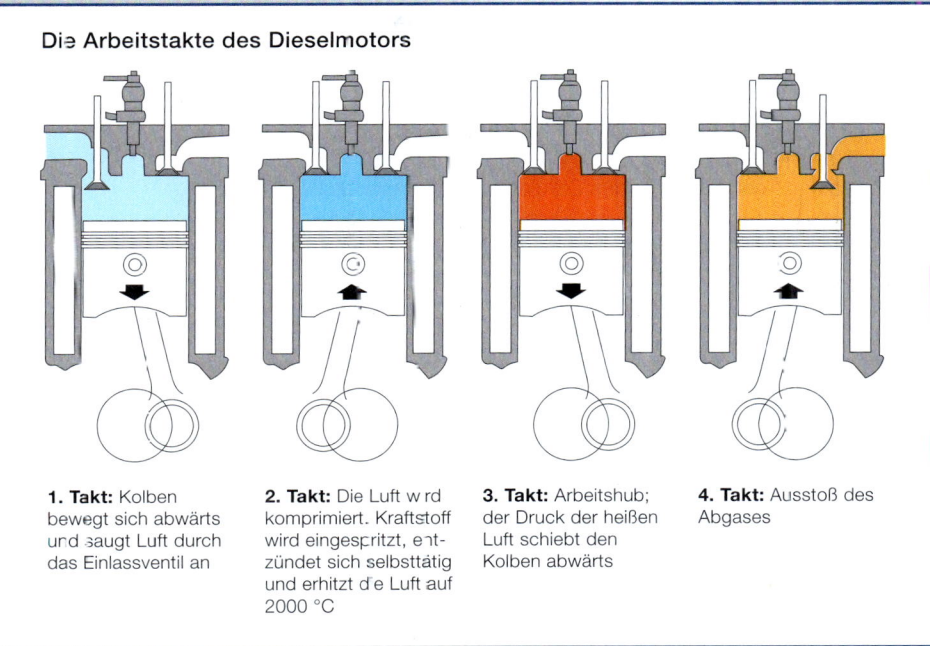

1. Takt: Kolben bewegt sich abwärts und saugt Luft durch das Einlassventil an

2. Takt: Die Luft wird komprimiert. Kraftstoff wird eingespritzt, entzündet sich selbsttätig und erhitzt die Luft auf 2000 °C

3. Takt: Arbeitshub; der Druck der heißen Luft schiebt den Kolben abwärts

4. Takt: Ausstoß des Abgases

Die innere Verbrennung im Motor nutzt die recht große Temperaturspanne von 2000 °C auf 400 °C (bei Teillast). Das entspricht einem theoretischen Wirkungsgrad von 70% – aber nur 45% sind real erreichbar, weil die Verbrennungswärme auch durch die Zylinderwände „verschwindet“. Die Einspritzmenge für einen 2-Liter-PKW ergibt sich aus folgenden Zahlen:

Motordrehzahl n = 3000 Umdrehungen/min,

Geschwindigkeit 120 km/h = 2 km pro Minute

Verbrauch dabei 5 l/100km. Das ergibt pro 2 km 0,1 Liter und deshalb

Verbrauch pro Minute: 0,1 l/min.

In jeder Minute gibt es 4 · 1500 = 6000 Zündungen (4 Zylinder · n/2)

Kraftstoff pro Zündung: 0,1/6000 Liter = $17 \cdot 10^{-6}$ Liter = 17 µl, entsprechend 13 mg Diesel.

Der Arbeitstakt des Motors lebt von der Wärmeenergie dieses Tropfens. Die 13 mg Kraftstoff, soviel wie eine Träne, liefern stolze 0,59 kJ. Die davon auf 2000 °C hoch erhitzte Luft leistet mächtig Arbeit an Kolben und Kurbelwelle, kühlt sich dabei ab auf 250 °C (im Leerlauf) oder auf 500 °C bei Volllast. Beim Volllastbetrieb wird mehr Kraftstoff nachgespritzt, und der Wirkungsgrad sinkt.

Der Verbrauch von 0,1 l/min entspricht 6 l/h oder 59 kWh pro Stunde, also 59 kW Wärmeleistung. Dasselbe Ergebnis erhält man, wenn man die Zahl der Zündungen pro Sekunde (100/s) mit der Einzelenergie von 0,59 kJ multipliziert: 59 kW Wärme. Bei einem Wirkungsgrad von 40 % sind das 24 kW (33 PS) Motorleistung. Ein moderner 2-Liter-Diesel hat ca. 90 kW (120 PS) Maximalleistung – woran man erkennen kann, welche Leistungsreserven bei verhaltener Fahrweise zur Verfügung stehen und welch hohe Leistung für eine schnelle Fahrweise benötigt wird.

Dein Check!

Sind umweltneutrale Flugreisen möglich?

Familie Meier will mit 5 Personen eine Flugreise in die USA machen. Die einfache Entfernung beträgt 8 000 km. Herr Meier besitzt ein großes Grundstück und will dort Bäume anpflanzen, um die bei diesem Flug für seine Familie anfallenden anteiligen CO_2-Emissionen durch das Holzwachstum wieder zu binden und damit aus der Luft zu entfernen. Herr Meier rechnet:

Ein Baum bildet pro Jahr rund 100 kg Holz (= Zellulose).
Die chemische Formel für einen Baustein des Zellulose-Kettenmoleküls ist $-C_6H_{10}O_5-$.

A. Wie hoch ist der Gewichtsanteil des Kohlenstoffs in der Zellulose?
1. Schritt: Molmasse eines Zelluloseblocks:

6 · [ ] +10 · [ ] + 5 · [ ] = [ ] Gramm

2. Schritt:
Gesamte Kohlenstoffmasse : Molmasse = [ ] % („C-Anteil")

Wegen des Wasseranteils im Holz sollte man aber nur mit etwa 33 % Kohlenstoffanteil vom Holzgewicht rechnen. 1 m³ Holz wiegt etwa 0,6 t und enthält damit [ ] t Kohlenstoff.

B. Ein zwanzigjähriger Baum hat etwa [ ] kg Holz erzeugt und damit [ ] kg Kohlenstoff gebunden.

Nun schätzt Herr Meier die anteilige Masse des im Flug verbrannten Kohlenstoffs ab. Verbrauch des Jumbojets: 3 Liter Kerosin pro 100 Sitzplatz-km. Das getankte Kerosin enthält ca. 0,7 kg Kohlenstoff pro Liter. Der Rechengang ist jetzt ganz einfach. Vier Faktoren sind zu multiplizieren, bitte benutze die doppelte Entfernung:

C. [ ] km • [ ] Personen • (0,03 Liter/km) • 0,7 kg C/Liter **=** [ ] kg C.

Dieser Kohlenstoff wird zwar als CO_2 emittiert, aber es ist einfacher und üblich, nur den Kohlenstoff zu betrachten, weil wir im Holz auch nur mit dem Kohlenstoffanteil rechnen.

D. Herr Meier muss also [ ] Bäume pflanzen, damit die CO_2-Emissionen dieses Fluges im Laufe von 20 langen Jahren durch Holzwachstum langsam wieder „unschädlich" gemacht werden.

Bei jeder neuen Reise muss Herr Meier natürlich weitere Bäume pflanzen – und wenn deren Holz verrottet oder verheizt wird, dann muss Familie Meier sofort wieder neu anpflanzen, damit das nun wieder freigesetzte CO_2 in weiteren 20 Jahren wiederum gebunden wird – und immer so weiter, denn der Kohlenstoff aus den Meierschen Bäumen dürfte eigentlich NIE wieder in die Atmosphäre gelangen, wenn man die guten Vorsätze von Herrn Meier wirklich ernst nimmt. (Hinweis: Im Internet werden klima- und schuldbewußte Flugreisende dringend zu Spenden für Umweltorganisationen animiert, um damit ihr schlechtes Gewissen zu beruhigen. Bei diesen Portalen wird immer der CO_2-Ausstoß in kg angegeben, der wegen der größeren Molmasse von CO_2 im Vergleich zu C (44/12) natürlich 3,66-mal größere Zahlenwerte ergibt.)

Wenn Du Deine Lösung kontrollieren willst, findest Du die Antworten auf S. 156.

BLACKOUT

New York, 14.8.2003, Hitze, ca. 5 Millionen Menschen betroffen

Norditalien, 30.9.2003, Hitze, Alpenstromtrasse beschädigt, 57 Millionen Menschen betroffen

Münsterland, 28.11.2005, heftige Nassschneefälle, tagelange großräumige Versorgungsstörungen

Totaler Stromausfall durch Netzüberlastung, Wetterkapriolen oder technische Pannen. Eine stromverwöhnte Gesellschaft fällt in Stress, Chaos und bisweilen Hilflosigkeit.

In der Disco wird es dunkel und zum ersten Mal ganz leise. Verstörte Gäste drängeln und stolpern im Finsteren zum Ausgang. Eng wird es auch in den überfüllten Bahnhöfen – ohne die erwarteten Züge. In den dunklen U-Bahn-Röhren wird es angsteinflößend. Ebenso in zahllosen Fahrstühlen, die zu heißen Arrestzellen werden. Der Weg aus dem 21. Stock führt leider über 378 Stufen: hässliche Blasen entstehen im modischen Schuhwerk. Auch eine Achterbahn hängt stundenlang fest – hoch oben, kein Vergnügen.

Die Zentralheizungen und Klimaanlagen fallen aus – daheim, in den Büros und in den Zügen, die überall in der Landschaft parken. Verkehrskollaps – keine Ampeln, keine Tankstellen. Ein Baby wird im Stau auf der Rücksitzbank geboren.

Keine Melkmaschinen, keine Stallbelüftung, keine Futterautomaten. Kühe brüllen, Hähnchen ersticken, Bauern weinen. Dunkel ist's im Supermarkt, die Kassiererin kann weder scannen noch kassieren. Kerzenlicht im Restaurant – es gibt kalte Platten, solange der Vorrat reicht.

Die Kühltruhe taut auf, das moderne Telefon bleibt stumm. Nur die alten Post-Telefone sind noch zu gebrauchen.

Ein allwissender Kommentator doziert über Strommonopole, über Kernenergie und das Gelddrucken sowie über die skandalöse Materialversprödung von Hochspannungsmasten. Kaum jemand hört zu, denn Fernseher und Radios bleiben stumm.

Frustrierte Ingenieure gehen zu Fuß nach Hause. Seit 10 Jahren planen sie eine neue Leitungstrasse von den launischen Windparks im Norden zu den großen Industriezentren im Westen, während eine Bürgerinitiative „Elektrosmog“ alle Vorschläge immer wieder erfolgreich blockiert.

Bei Kerzenschein wird in Berlin über die amtlich genannte CO_2-Reduktion um 25 % innerhalb von nur 13 Jahren bei gleichzeitigem kräftigem Wirtschaftswachstum und planmäßiger Abschaltung der Kernkraftwerke diskutiert. Die Wellen schlagen hoch und die Meinungen prallen aufeinander.

Die hitzige Diskussion bringt auch ungewöhnliche Vorschläge hervor, wie etwa die sofortige Übersiedlung eines Viertels der Bevölkerung samt ihrer Arbeitsplätze ins benachbarte Ausland. Die Resonanz bleibt dennoch verhalten, denn es wird abgezählt: 1 – 2 – 3 – raus – 1 – 2 – 3 – raus … .

Einige Stunden „Blackout“ beweisen schlagartig, wie unentbehrlich eine sichere Stromversorgung geworden ist.

Wärme und Temperatur

Traust Du Dich, etwas tiefer in eine hochinteressante Materie einzutauchen?

Wärme ist unordentlich auf alle Teilnehmer verteilte Energie:

- Bei einem einatomigen Edelgas wie Helium ist das die ungeordnete Bewegung der Atome in alle möglichen Richtungen.
- Bei Molekülen oder einem Feststoff (Metall, Glas, Kunststoff, ...) verteilt sich die Energie auch auf atomare Schwingungen und Drehungen, wobei auch die Bindungen gedehnt werden.
- Dazu kommen elektronische Anregungen und
- die Drehung von magnetischen Momenten.

Die Temperatur sagt aus, welche Energiewerte in dieser Energieverteilung vorkommen:

- Hohe Temperatur bedeutet die Anwesenheit von hoch angeregten Zuständen (etwa schnelle Bewegungen, Schwingungen und Drehungen, hohe Unordnung).
- Bei sinkender Temperatur haben die Atome immer weniger Energie zur Verfügung. Die atomare Ordnung nimmt deshalb zu.

Am absoluten Nullpunkt (T = 0K) sind nur die „Grundzustände" der Substanzen „besetzt":

- Alle „thermischen Anregungen" sind „ausgestorben".
- Die Atome können dann keinerlei Wärme mehr abgeben.
- Jede Substanz ist dann in einem Zustand höchster Ordnung und **ihre Entropie ist Null**

Entropie = Maßzahl für Ordnung: Wird bei einem Prozess die Wärmemenge dQ abgegeben oder aufgenommen, so ändert sich die Entropie S gemäß der Gleichung **dS = dQ/T.**
Damit wird zum Beispiel ausgedrückt, dass die Zufuhr einer Wärmemenge von 1 Joule zu einem T = 1 000 K heißen „System" „zehnmal weniger bewirkt" als 1 Joule, das einem kalten System (T = 100 K) zugeführt wird.

Bei Phasenübergängen, wie Schmelzen, Verdunsten, Sieden, muss die jeweilige **„latente Wärme"** aufgebracht werden. Sie wird wieder frei beim Erstarren (Eis) oder beim Kondensieren (Tröpfchenbildung). Das Wettergeschehen wird durch sie entscheidend beeinflusst, weil sie die Bildung von Eis, Wasser, Wasserdampf (unsichtbar) und Wolken (Tröpfchen) bestimmt.

Bei chemischen Vorgängen gibt es die **„Reaktionswärme"**. Ein Beispiel ist die Verbrennungswärme, die unser Stoffwechsel und die Wärmekraftwerke ausnutzen. Bei chemischen Vorgängen reagieren die Außenelektronen der Atome. Die **Reaktionswärme der Atomkerne** dagegen ist ca. 1 Million mal höher als die der Elektronenhüllen. Deshalb benötigen Kernkraftwerke so wenig Brennstoff, verglichen mit einem Einsatz von chemischen Energieträgern wie Öl, Gas oder Kohle.

Last, but not least, leben wir alle von der Energie der elektromagnetischen Strahlung von unserer Sonne, die im langwelligen Bereich als **Wärmestrahlung** bezeichnet wird.

Ein kleiner Check zur Entspannung

Wärme ist eine sehr **merkwürdige** Energieform:

1. Wärme ist ein meisterlicher Ausbrecher:
Sie geht durch Wände aus Stahl oder Stein hindurch und lässt sich deshalb sehr schlecht einsperren und speichern.

2. Wärme ist ganz gern ein Faulpelz:
Sie lässt sich mit Vorliebe von Flüssigkeiten oder Gasen mitnehmen.

3. Wärme kann bisweilen enorm schnell sein:
Sie breitet sich manchmal mit Lichtgeschwindigkeit aus – sogar im leeren Weltraum.

4. Wärme will sich immer breit machen:
Ein Gebiet hoher Temperatur kühlt sich ab, weil sich die Wärme gerne auf ein weites Gebiet ausbreiten möchte.

5. Wärme ist ziemlich arbeitsscheu:
Man kann Wärme nicht vollständig in Arbeit umwandeln.

6. Wärme ist hartnäckig und renitent:
Man kann Wärme nicht vernichten, sondern i.a. nur mit erneutem Energieaufwand entfernen. (Mit anderen Worten: Man benötigt zum Kühlen eine Maschine, die die Wärme zu einem Gebiet höherer Temperatur heraufpumpt, also ein „Kühlaggregat“.)

Bitte ordne den Zeilen links die folgenden physikalisch-technischen Begriffe zu:

- ◯ Kühlschrank
- ◯ Wärmepumpe
- ◯ Infrarotstrahlung
- ◯ Carnot´scher Wirkungsgrad
- ◯ Wärmeleitung
- ◯ Diffusion
- ◯ Konvektion
- ◯ absoluter Nullpunkt
- ◯ Thermoskanne
- ◯ Dampfmaschine
- ◯ Automotor
- ◯ Sonne
- ◯ Golfstrom
- ◯ Heizlüfter

Die weltweiten Energiereserven

Ein Blick in unsere globale Vorratskammer

Zur Zeit beträgt der jährliche Verbrauch an fossilen Brennstoffen weltweit:
ca. $1{,}6 \cdot 10^{10}$ t SKE/Jahr, entsprechend $1{,}3 \cdot 10^{14}$ kWh pro Jahr. Diese „Energiemenge pro Jahr" entspricht der Leistung von 15 Terawatt (TW). Wenn man 15 TW auf 6,6 Milliarden Menschen aufteilt, erhält man den mittleren globalen Pro-Kopf-Bedarf: 2,2 kW PEB pro Kopf (S. 31).
Es wird damit zur Zeit in nur einem Jahr verfeuert, was die Natur in etwa 1 Million Jahre gespeichert hat.

Man kann ungefähr abschätzen, was insgesamt bisher an fossilen Vorräten verbraucht wurde:
Insgesamt wurden bisher ca. $40 \cdot 10^{14}$ kWh den Vorräten entnommen, das sind ungefähr 31 Portionen des momentanen Jahresverbrauchs. Nun wird die Kohle schon seit 200 Jahren und das Öl seit 100 Jahren genutzt. Man erkennt eine enorme Steigerung der Geschwindigkeit im Verbrauch der fossilen Vorräte.

Als gesicherte Reserven an Kohle, Öl, Erdgas zusammen sind zur Zeit bekannt:
Etwa 10^{16} kWh, also genug für etwa 100 Jahre bei heutigem Verbrauch. Fast alle Fachleute sind sicher, dass das Öl viel früher zur Neige gehen wird und dass zum Ausgleich für das Öl der Bedarf an Erdgas drastisch steigen wird. Weil die Kohlevorräte am größten sind, wird sogar schon wieder über die teure Synthese von Kraftstoffen aus Kohle nachgedacht.

Die vermuteten Reserven könnten für Öl das dreifache, für Kohle das zehnfache der sicheren Reserven ausmachen.
Mit Sicherheit aber wird die Ausbeutung der Lagerstätten zunehmend schwieriger. Die vermuteten Reserven an Erdgas, also Methan, sind mit großen Unsicherheiten behaftet, denn der Abbau von Methanhydrat ist ungeklärt (S. 115). Die Situation für Uran dagegen ist sehr günstig, sie wird auf S. 34 beschrieben.

Die glorreichen Acht

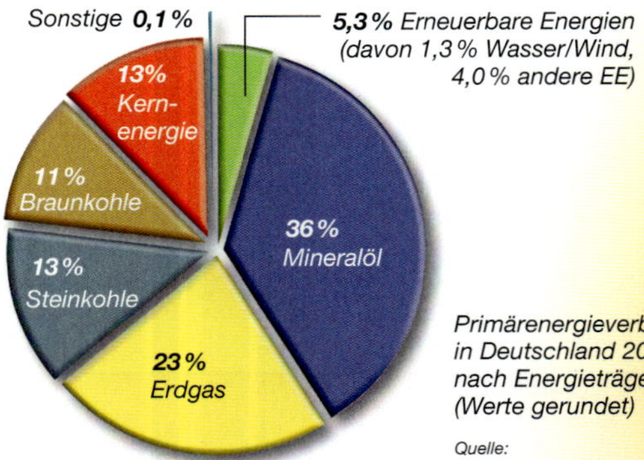

Primärenergieverbrauch in Deutschland 2006 nach Energieträgern (Werte gerundet)

Quelle: AG Energiebilanzen 2007

Öl, Kohle, Erdgas, Kernenergie, Wind, Wasser, Biomasse und Sonne

Hier muss die Sonne möglichst bald viel mehr beitragen!

Der deutsche Jahresbedarf:

14 238 Petajoule

Laut Statistik betrug im Jahr 2005 der deutsche Bedarf an Primärenergie 14 238 PJ („Petajoule") – eine nebulöse Zahl, die man am besten umrechnet.

Wir erinnern uns: Das Joule (1 J) ist ein Newtonmeter und damit gleich winzig wie eine Wattsekunde (1 Ws). Es ist die mickerige Energie, die wir einsetzen, wenn wir ein Taschenlampenbirnchen von 1 Watt 1 Sekunde lang aufleuchten lassen. Ein so zwergenhaftes Energie-Portiönchen ist für den deutschen Jahresbedarf natürlich total unbrauchbar und wird deshalb mit einem weithin unbekannten Riesenfaktor multipliziert: „Peta", unvorstellbare 10^{15}. Von diesem Riesenzwerg muss man dann immer noch 14 238 Einheiten nehmen – ziemlich unanschaulich! Physikalisch korrekter, aber ebenso unanschaulich wäre übrigens die Angabe: 14,238 Exajoule (EJ), denn „Exa" bezeichnet einen Faktor von 10^{18}.

Wir nehmen jetzt lieber einen Taschenrechner zur Hand und entschlüsseln die Petajoule. Dazu rechnen wir zuerst problemlos die Petajoule in kWh um:
14 238 PJ = $1{,}42 \cdot 10^{19}$ J und
$3{,}6 \cdot 10^{6}$ J = 1 kWh.
Damit erhalten wir sofort $3{,}96 \cdot 10^{12}$ kWh.
Das sind **3 % des Welt-PEB**. Zur Erinnerung: Der deutsche Anteil am weltweiten CO_2-Ausstoß beträgt ca. 2,5 % (S. 48), denn die CO_2-Erzeugung durch Energieträger in Deutschland ist nicht sehr verschieden von der globalen Situation.

Nun wollen wir wissen, wieviel Energie das pro Person und Tag ist. Wir zerteilen das PJ-Monster weiter auf 365 Tage und 82 Millionen Einwohner. Dabei benutzen wir direkt den Wert in kWh:
$3{,}96 \cdot 10^{12}$ kWh / $(365 \cdot 82 \cdot 10^{6})$ =
132 kWh/Person und Tag.

Somit haben wir für Deutschland im Mittel **132 kWh Primärenergie pro Person und Tag.** Diese Energie (kWh) auf 24 Stunden aufgeteilt ergibt eine Leistung in kW und führt zu einer durchschnittlichen Leistung pro Person von 5,5 kW. Damit ist die „gesamte Primärenergieleistung" berechnet, nicht etwa eine elektrische Leistung. Zur Erinnerung: Der mittlere Leistungsbedarf an „Strom" war 0,66 kW pro Person und der persönliche Nahrungsumsatz etwa 0,1 kW. Die Energie von 132 kWh steckt laut Brennwerttabelle (S. 41) in 14 Litern Benzin oder 16 kg Kohle oder 0,25 g Kernbrennstoff – oder in 226 Big Macs. Mit dieser täglichen Big Mac-Ration könnte man rein theoretisch zwei große Schulklassen durchfüttern. Das zeigt uns, dass wir ca. 55 mal mehr Energie für die Annehmlichkeiten des Lebens einsetzen als für den „Betrieb" unseres Körpers. Die täglichen 132 kWh PEB pro Kopf können wir aufteilen auf die eingesetzten Energieträger:

Anteil	Brennstoff	entspricht
24 %	Kohle	4 kg Kohle (täglich pro Person verbrannt)
23 %	Erdgas	3 m³ Erdgas (täglich pro Person verbrannt)
36 %	Erdöl	5 Liter Öl (täglich pro Person verbrannt)
12 %	Kernenergie	15,8 kWh Reaktorwärme = 0,03 Gramm Kernbrennstoff (3,5% ^{235}U)
Wind + Wasser		1,6 kWh Strom (täglich pro Person geliefert)
Etwa 5 kWh „Erneuerbare", d.h. vielleicht 1 kg Brennholz oder Biosprit oder andere		
Zum Vergleich: Der Lebensmittelbedarf beträgt 2 % dieser Summe.		

Zeit zum Nachdenken

Recht viele Zahlen und Fakten haben wir jetzt schon besprochen, und überall haben wir versucht, die Größenordnungen zu erkennen. Das ist manchmal mühevoll, aber die Größenordnungen sind so wichtig, weil sie den Unterschied zwischen möglich und unmöglich ausmachen – zwischen Wissenschaft und Technik auf der einen Seite und Wunschdenken oder grundlosen Ängsten auf der anderen. Deshalb wollen wir an dieser Stelle innehalten, eine Zwischenbilanz ziehen und uns damit auf die folgenden Kapitel einstimmen.

Öl ist eindeutig der **wertvollste und unentbehrlichste Treibstoff** unserer Zeit, aber wir wissen inzwischen mit Sicherheit, dass diese Vorräte am schnellsten schrumpfen – schon in **wenigen Jahrzehnten wird Öl spürbar knapper** und viel teurer werden. Wegen des steigenden Weltbedarfs, besonders durch den Verkehr, ist die Ölförderung ständig angewachsen. Inzwischen werden kaum noch neue Ölfelder entdeckt. Die verbleibenden Jahre sind aber eine viel zu kurze Zeit, um das weltweite Verkehrssystem entscheidend umzustellen. Wer heute zur Schule geht, wird die Ölverknappung noch erleben und die Konsequenzen ertragen müssen. Das muss uns zu denken geben, denn wenn nicht rechtzeitig Alternativen zur Verfügung stehen, kann es zu großen internationalen Konflikten kommen.

Das **Erdgas** hält noch etwas länger als das Öl, aber billig wird es auch nicht mehr bleiben, denn wenn der Ölpreis steigt, dann verlangen auch die Gasproduzenten mehr Geld. Die Gasförderländer werden ein Kartell ähnlich der OPEC bilden und die Preise kontrollieren.

Kohle gibt es noch genug für **mehrere 100 Jahre** – das ist einerseits beruhigend, andererseits fürchten wir die Emissionen bei der Verfeuerung und beklagen in jedem Jahr weltweit viele tausend Todesopfer im Bergbau. Weil es noch so viel Kohle gibt, ist die Weiterentwicklung der Kohlekraftwerkstechnik nach wie vor von höchster Bedeutung. Nachdem die umweltfreundliche Rauchgasreinigung von Staub und SO_2 inzwischen Stand der Technik ist, arbeiten die Ingenieure nunmehr sogar an einer möglichen Abscheidung und Endlagerung des primären Verbrennungsproduktes, des CO_2, um damit dem Klimaschutz zu dienen (S. 126).

Überschlägig verfeuern wir zur Zeit in jedem Jahr so viel von den fossilen Vorräten, wie die Natur in etwa einer Million Jahre angelegt hat – ein wahrhaft schwindelerregendes Verhältnis von „Ansparen“ zu „Verbrauchen“. Weil wir die Vorratskammern immer schneller plündern, leben wir heute bereits drastisch auf Kosten unserer Kinder und Kindeskinder. Ist das ein faires, nachhaltiges Vorgehen? Noch gibt uns die Natur ausreichend Zeit, um Alternativen zum Verbrauch der „Fossilen“ zu entwickeln. Das ist unsere Verpflichtung, aber auch unsere große Chance. Die Welt war auch für unsere Vorfah-

ren nicht unveränderlich stabil. Wenn wir uns mit unseren Vorfahren oder Vor-Vor-Vorfahren vergleichen, dann haben wir die entscheidend besseren wissenschaftlich-industriellen Möglichkeiten! Deshalb sind wir heute in einer sehr guten Startposition. Weil aber Veränderungen im Energiesektor hohe Investitionen erfordern und mit Sicherheit viele Jahrzehnte benötigen werden, dürfen wir keinesfalls zu zögerlich zu Werke gehen.

Auch unser Vorrat an Uran für Kernkraftwerke ist begrenzt. Allerdings ist Uran kein seltenes Element, und es gibt auf der Erde noch genug Kernbrennstoff für viele 100 Jahre (S. 34). Deshalb werden zur Zeit weltweit mehrere neue Kernkraftwerkslinien entwickelt, vor allem für die zukünftige Stromerzeugung (vgl. S. 138 und Ref. 1, 2). Die Kernfusion dagegen wird zwar keinen Brennstoffmangel zu befürchten haben, steckt aber noch im Entwicklungsstadium (S. 140). Es ist deshalb noch nicht absehbar, wann die **Kernfusion** spürbar zur Weltstromerzeugung beitragen wird.

Auch wenn wir uns heute bereits sehr intensiv bemühen, alle verfügbaren Energietechniken möglichst effektiv zu einem umweltfreundlichen „Energiemix" zu vereinen und den Gesamtenergiebedarf zu senken, also Energie zu „sparen", wo immer das möglich ist, so bewegen wir uns dennoch unaufhaltsam mit Riesenschritten in eine Übergangszeit, die Zeit der Ölverknappung. Dabei wird mit Sicherheit auch zukünftig der „Energiemix" unsere einzige Option bleiben, denn keine Energietechnik allein kann den gewaltigen Bedarf der Menschheit decken. Welche Energietechnologien bleiben uns auf einer langfristigen Zeitskala, wenn die Vorräte schwinden?

Vulkane und heiße Quellen erinnern uns daran, dass unsere Erde in der Tiefe glutflüssig heiß ist. Zur Zeit wird diese Erdwärme nur an sehr wenigen Stellen durch **geothermische Verfahren** gewonnen und trägt deshalb noch nicht spürbar zur Weltenergiebilanz bei. Mehr dazu auf Seite 136.

Die technische Nutzung der Energie der **Meeresgezeiten und -wellen** wird vermutlich nur lokale, ganz begrenzte Beiträge liefern, die in der Gesamtbilanz kaum zu Buche schlagen können.

Was wäre, wenn ...

Was wäre, wenn die ständig wachsende Menschheit ab dem 19. Jahrhundert NICHT die Energiereserven von Kohle, Öl, Erdgas und Kernenergie entdeckt und genutzt hätte

???

Vermutlich hätte es wegen des akuten Mangels an Energie verbreitet sehr große Notzeiten gegeben, und die Wälder unserer Erde wären inzwischen alle vollständig abgeholzt – so wie es in den Kulturen der Vor-Kohlezeit überall und immer wieder geschah. So hat die Kohle vermutlich unter anderem auch unsere Wälder gerettet.

Entscheidend auf der langfristigen Zeitskala wird damit die immer effektivere Nutzung des Energiestroms von der Sonne zur Erde.

Diese Aussage hat sehr viele Facetten und Probleme, viele „Wenn und Aber“. Sie beschreibt keinesfalls eine einfache Patentlösung, sondern ein umfangreiches Programm und zielt auf ein großes Bündel von sehr unterschiedlichen Maßnahmen und Techniken und eine gewaltige **gemeinsame globale Anstrengung**.

Welche Energietechniken beruhen letztendlich auf der Energie, die uns die Sonne schickt?

Die Sonne treibt das Wettergeschehen an und mit Wind und Wasser kann man Strom erzeugen. Besonders die Nutzung der **Windenergie** hat sich inzwischen „stürmisch“ entwickelt und bietet noch in vielen europäischen Regionen, besonders an den Atlantikküsten, ein unerschlossenes Potenzial. In Deutschland selbst werden die Windparks auch ins Meer wandern müssen, weil die windstarken Standorte an Land bereits knapp geworden sind. Hier kann man nur die alten Anlagen durch leistungsstärkere größere Türme ersetzen (S. 142). Sehr viel wäre gewonnen, wenn man die stark schwankende Stromproduktion speichern könnte. Leider ist Strom noch nicht effektiv zu speichern – das bleibt eine sehr wichtige Forschungsaufgabe.

Zukunftssicher ist das spanische Beispiel, die kleine bergige Kanaren-Insel El Hierro ausschließlich mit Wind- und Wasserkraft zu versorgen. Mit dem überschüssigen Windstrom werden nämlich die Stauseen für das Pumpspeicher-Wasserkraftwerk der Insel wieder aufgefüllt (S. 122). Auf Deutschland kann das Beispiel leider nicht übertragen werden, denn wir müssten dafür große Teile unseres Landes in Stauseen verwandeln und unter Wasser setzen.

Die **Wasserkraft** ist prima, wird weltweit schon heute intensiv genutzt und trägt mit 19 % zur Weltstromproduktion bei. Mit Hilfe zahlreicher weiterer Großprojekte weltweit könnte die Wasserkraft im günstigsten Fall auch weiterhin den wachsenden Weltstrombedarf zu etwa 20 % abdecken.

Die Stromerzeugung mit Hilfe von Solarzellen **(Photovoltaik)** deckt bisher nur einen winzigen Bruchteil des Bedarfs ab: in Deutschland etwa 0,3% (2006), auf der Weltskala noch weniger. Mehr dazu auf den Seiten 98 und 132. Hier sind sehr große Anstrengungen notwendig, um die Herstellungs- und Materialkosten der Zellen drastisch zu senken.

Ein überaus wichtiger Posten bei der Nutzung der Sonnenwärme hat die völlig überraschende Eigenschaft, dass er sich konsequent versteckt hält und deshalb in den Statistiken und Diagrammen über die Primärenergieversorgung (S. 68, 100) nicht erfasst werden kann: Es handelt sich um die **kostenlose Heizenergie durch eingefangene Sonnenwärme**, zum Beispiel in gut gebauten, wärmeisolierten Häusern mit großen Isolierglasfenstern in Südrichtung und Solar-Kollektoren für Warmwasser. Zur Zeit wird noch etwa 1/3 unseres teuren Energiebedarfs für die Gebäudebeheizung benötigt. Wenn Heizenergie eingespart wird, so ist das überaus effektiv. Hier müssen wir alle sorgsam planen und handeln, besonders aber die Städteplaner, Architekten und Bauherren. Zwar sind in dem Diagramm auf Seite 68 die Erneuerbaren Energien nur mit 5,3% vertreten, tatsächlich aber tragen sie durch erfolgreiche Solarwärmetechnik und Energiesparmaßnahmen wesentlich stärker zur Gesamtbilanz bei.

Deutlich größere Anstrengungen verlangt die großflächige Nutzung von **konzentrierter Solarstrahlung (CSP** – Concentrating Solar Power) zur Stromerzeugung im Sonnengürtel der Erde. Hier sind auch die Anforderungen eines weiträumigen Stromnetzes und der Energiespeicherung für die dunklen Nachtstunden zu erfüllen. Die ersten kommerziellen Kraftwerke in Spanien und den USA liefern bereits Strom ins Netz und bilden die technische Basis für zukünftige Großprojekte (S. 102). Wie es bei der Förderung und Nutzung von Bodenschätzen schon immer selbstverständlich ist, so werden auch bei der zukünftigen Nutzung der Solarenergie weit von einander entfernte Liefer- und Abnehmerländer miteinander ins Geschäft kommen müssen. Dann werden die CSP-Kraftwerke eine breite Anwendung finden.

Ein Wunschtraum muss zur Zeit noch die theoretisch denkbare Realisierung einer effektiven großtechnischen Photosynthesereaktion bleiben: Es wäre genial, wenn man aus Wasser und CO_2 mit Hilfe von Sonnenlicht in großem Maßstab Kohlenhydrate oder Kraftstoffe synthetisieren könnte. Hier bleibt die Natur ein technisch unerreichtes Vorbild, und wir müssen uns noch mit der allgegenwärtigen biologischen Photosynthese der Pflanzen zufrieden geben (S. 38).

Über die rein energetische Nutzung der **Biomasse**, das Heizen mit Holz und Stroh, Kraftstoffproduktion aus Mais, Zucker und Raps kann man zur Zeit fast täglich neue Erfolgsberichte in der Zeitung lesen. Fraglos ist es völlig richtig, organische Substanz und besonders Brennholz in größtmöglichem Umfang als Energieträger einzusetzen. Insbesondere, wenn solche Substanzen im Überschuss oder als Abfall in Form von Holzschnitzeln, Stroh oder Gülle anfallen, dann sollte man sie unbedingt nutzen. Eine wegweisende Pilotanlage, die aus minderwertiger Biomasse hochwertigen Treibstoff erzeugt, wird auf S. 134 vorgestellt.

Inzwischen ist aber weltweit eine höchst beunruhigende Konkurrenz entstanden zwischen häufig staatlich subventionierter Biokraftstoffherstellung aus Mais, Zuckerrohr oder Ölpflanzen einerseits und dem Anbau von Lebens- und Futtermitteln andererseits. Der steigende Ölpreis verschärft diese Entwicklung und wirkt somit stark preissteigernd auch auf die Lebensmittelproduktion. In Anbetracht der Welternährungssituation – weltweit hungern 850 Millionen Menschen –, der ständig wachsenden Weltbevölkerung und des Verlustes an Ackerland durch Erosion oder Überbauung muss das sehr zu denken geben. Jedes Jahr geht 1/2 % der Ackerflächen auf der Erde verloren, und auch die Wälder schrumpfen ständig. Wenn Lebensmittel in zunehmendem Umfang auch noch als Energieträger verfeuert werden sollen, so ist ein Irrweg vorprogrammiert! Beispielsweise kauft Deutschland schon jetzt gewaltige Mengen an Lebens- und Futtermitteln auf den Weltmärkten, und produziert gleichzeitig unter anderem Biodiesel im eigenen Land. Ein von vielen Menschen erhoffter Klimaschutz oder gar ein ökologischer Vorteil durch den Einsatz von Biokraftstoffen, hergestellt aus in Deutschland angebauten wertvollen Mais-, Zucker- oder Ölpflanzen, muss nach Betrachtung der Gesamtbilanz für Anbau, Düngung, Pflanzenschutz, Transport, Verarbeitung sowie des zusätzlichen Importbedarfs an Lebensmitteln nachdrücklich verneint werden.

Langfristig werden wir nicht noch viel mehr landwirtschaftliche Produkte importieren können, um damit zusätzlich nennenswert Erdöl zu sparen. Biosprit muss „ein Tropfen auf den heißen Stein" bleiben, wenn man

die Menge des importierten Rohöls betrachtet. Allein der deutsche Kraftstoffbedarf beträgt zur Zeit 61 Mio t an Diesel, Benzin und Kerosin plus 25 Mio t Heizöl im Jahr. Die heimische Biospritproduktion erzeugt mit großem Stolz ca. 2 Mio t Kraftstoff, überwiegend Biodiesel – aber gleichzeitig werden über 6 Millionen Tonnen an Ölfrüchten und Pflanzenölen aus dem Ausland importiert. Deshalb kann es sich beim heimischen Biosprit vernünftigerweise nur um die Umlenkung einer gewissen lokalen Überschussproduktion handeln – mehr nicht. Die riesigen tropischen Zuckerrohr-Plantagen, die zur Bioethanolherstellung genutzt werden, können nicht als Vorbild für unser dichtbesiedeltes Land und unsere hochmechanisierte und intensive Landwirtschaft auf wertvollen Böden dienen. Wenn wir ganz optimistisch auf unsere Heimat schauen und die hier verfügbare Biomasse möglichst gut ausnutzen, so könnten wir etwa 5% unseres Energiebedarfs damit decken – am effektivsten direkt für Wärme (Heizung) und nur in geringem Maße aufwendig umgewandelt und aufbereitet als Biosprit.

Alle Menschen brauchen **Energie zum Leben**. Deshalb müssen sie täglich etwas zu essen bekommen. Man könnte mit den heutigen Flächen und intensiver Landwirtschaft durchaus alle 6,6 Milliarden Menschen ernähren – eigentlich müsste heute niemand verhungern. Statt dessen aber sterben in jedem Jahr 3 Millionen Kinder, weil sie nicht ausreichend mit energiereichen Nahrungsmitteln versorgt sind. Das ist ein Drama, denn es gibt genug Lebensmittel in Form von Kohlehydraten, also Getreide und Reis, auf der Erde. Nur können längst nicht alle Menschen auch mit reichlicher Energie aus Fleischprodukten versorgt werden. Dazu eine kleine Abschätzung: Wenn alle Menschen so viel Fleisch verzehren möchten wie wir in Deutschland, nämlich durchschnittlich 60 kg Fleisch pro Person und Jahr, dann zeigt sich, dass die gesamte Weltgetreideproduktion von 1,6 Milliarden Tonnen nicht einmal den Bedarf an Viehfutter bereit stellen könnte, denn 60 kg Fleisch für 6,6 Milliarden Menschen ergäben einen Weltbedarf von 400 Mio t Fleisch. Um diese Fleischmenge zu produzieren, benötigt man ja etwa die fünffache Menge an Getreide, also 2 Milliarden Tonnen. Das ist mehr als die gesamte verfügbare Getreideernte, und für die Menschen selbst bliebe dabei nichts übrig für Brot oder Reis. Unsere Erde mit der momentanen Landwirtschaft könnte vorsichtig geschätzt nur etwa 3,5 Milliarden Menschen so ausgewogen, vielseitig und üppig mit Nahrungsenergie versorgen, wie wir es gewohnt sind.

Fazit: Bei der **Energieversorgung im Bereich der Ernährung** gibt es gegenwärtig noch weitreichenden, zum Teil dringlichen Nachholbedarf, der zusätzlich in einen direkten Konflikt mit der landwirtschaftlichen „Energiepflanzenproduktion" münden wird.

Dennoch leben wir in einer günstigen Zeit, denn wir haben die Rohstoffe, die Energieträger und den Erfindergeist zur Verfügung, um mit Hilfe von Hirn und Technik dem heutigen, beschämenden Mangel an Lebensmitteln in vielen armen Regionen und auch der zukünftigen weltweiten Verknappung der fossilen Energieträger den Schrecken zu nehmen.

Herzlichen Glückwunsch!

Wenn Du Dich bis hierher einigermaßen konzentriert mit dem Stoff beschäftigt hast, dann weißt Du schon VIEL mehr als der Durchschnittsbürger. In den Medien werden allzu oft unnötige Ängste oder übertriebene Hoffnungen geweckt, denn man möchte niemanden mit zu vielen Zahlen konfrontieren. Dabei ist doch allein die zahlenmäßige Differenz zwischen einem Topmanager-Gehalt und einem Taschengeld entscheidend, obwohl beide die „gleichen" Euros bekommen, oder nicht?

Es braut sich was zusammen

Tanja liebt das Segelfliegen. Auch heute nachmittag ist sie wieder am Flugplatz. Die Augustsonne knallt vom Himmel: 1 kW/m² Strahlungsleistung. Das bringt allein auf der Fläche des Flugplatzes (1 km²) die Leistung eines Großkraftwerkes (1 GW). Gestern hat es gegossen, die Luft ist noch feucht, aber schon wieder 30°C warm. Feuchtigkeitsgesättigte Luft bei 30°C enthält 26 Gramm Wasser in jedem m³ – allerdings in Form von unsichtbaren 29 Liter Dampf. Flieger kennen die verlängerten Startstrecken in einem feucht-heißen Klima. Die Tragfähigkeit der Luft hängt nämlich direkt von der Luftdichte ab, und heiße Luft ist wegen der Wärmeausdehnung leichter als kalte. Zusätzlich ist feuchte Luft sogar noch leichter, weil der Dampf (H_2O) Luft verdrängt und leichter ist als N_2 und O_2 (Das liegt natürlich an den Molekülmassen: 18 für H_2O, 28 für N_2 und 32 für O_2).

Tanja bekommt nasse Finger, denn die kühle Colaflasche in ihrer Hand „schwitzt“: Fortwährend bilden sich dicke Tropfen, weil sich Luft an der Glasoberfläche abkühlt und der Wasserdampf auskondensiert. Das scheinbare „Schwitzen“ einer kalten Oberfläche erinnert sie an die Physikstunde: „Die Verdampfung von 1 kg Wasser benötigt 2,25 MJ Verdampfungswärme.“ Für einen 10 km-Lauf braucht Tanja 50 Minuten und sie ist danach 0,5 kg leichter – das hat sie dann tatsächlich an Wasser ausgeschwitzt. Die Kühlleistung durch Verdampfen beträgt dabei 2,25 · 0,5 MJ/3000 s, also ~ 400 Watt. Mehr schafft ihr Kühlschrank in der Küche auch nicht. „Puh, selbst wenn die Temperatur trockener Luft noch 10°C über der Körpertemperatur liegt, dann wirkt das Schwitzen als Abkühlungsmethode problemlos. Jeder kleine Luftzug unterstützt dabei die Verdunstung – aber wehe, wenn die Luft zusätzlich feuchtegesättigt ist, wie heute in dieser ‚Tropenluft‘, dann ist die Verdunstung behindert und man möchte zur Abkühlung ins kalte Wasser springen.

Wasser hat eine hohe Verdampfungswärme: 2,25 MJ / kg

Tanja schaut zum Himmel: Überall stehen hohe blumenkohlartige Cumuluswolken. Besonders über bebauten und trockenen Flächen steigt die heiße Luft mächtig auf – in der Thermik sind Steiggeschwindigkeiten von einigen Metern pro Sekunde möglich. Das lieben die Segelflieger. Aufsteigende Luft dehnt sich aus und kühlt sich dabei ab – mit 1°C Abkühlung pro 100 Meter Höhe. Wenn aber Wasserdampf in der Luft ist, dann kondensiert der Dampf zu Tröpfchen und gibt Wärme ab. Dadurch wird die Abkühlung viel geringer, etwa 0,6 °C/100 m. In feuchtwarmer Luft ergibt das eine labile Situation: Die Kondensationswärme beschleunigt das „Aufquellen“ der warmen Luft – die sichtbaren Tröpfchen werden von den immer schneller aufsteigenden Luftmassen mitgerissen. Hohe „kochende“ weiße Gewitterwolken entstehen, die Cumulonimbus-Wolken. Sie können bis zu 15 km Höhe erreichen. Dabei wird die Luft so kalt, dass die Tropfen zu Hagel gefrieren – zusätzliche Schmelzwärme wird frei. Solch ein Wettergeschehen kann gewalttätig werden, denn die gespeicherte Energie des Wasserdampfes bewirkt sehr starke Aufwinde, am Boden resultieren daraus kräftige Stürme. Falls sich dabei eine stabile Drehung im Windmuster einstellt, kann durch die Rotation ein Tornado entstehen. In jedem Fall bildet der Wasserdampf den Motor des Wettergeschehens. Die heiße Luft spielt nur die Nebenrolle. In jedem m³ dampfgesättigter Sommerluft (30 °C) steckt die Energie von ca. 26 · 2,3 kJ, also ~ 60 kJ. Ein Luftvolumen von 500 m³ (Rauminhalt eines großen Einfamilienhauses) enthält damit schon die Energie eines

Liters Benzin. In freier Natur ist ein km³ ein besseres Maß: In 1 km³ stecken 60 TJ. Wenn sich diese im Wasserdampf gespeicherte Sonnenenergie innerhalb von 2 Stunden in einem Gewittersturm entlädt, entspricht das einer Leistung von ~ 8 GW. Eine respekteinflößende Wärmekraftmaschine, nicht wahr?

Tanja läuft trotz der Schwüle eine Gänsehaut über den Rücken, als sie an Ewa Wisnierska denkt, die im Februar 2007 mit ihrem Gleitschirm von einer Gewitterwolke angesaugt und bis auf über 9000 m hochgeblasen wurde. Ihre Steiggeschwindigkeit von über 20 m/s (mit 72 km/h senkrecht nach oben!) ermöglichte natürlich keinen Sinkflug mehr. Ohnmächtig durch Sauerstoffmangel, vereist (– 40 °C) und mit Erfrierungen hilflos in ihrem Fluggerät hängend, kreiste sie 40 Minuten lang in der Wolke. Der Schirm trug sie danach lebendig wieder zur Erde zurück – ein einmaliges Wunder. Viele Kleinflugzeuge haben die Begegnung mit einer großen Gewitterwolke nicht überstanden – oft wegen der enormen Turbulenzen.

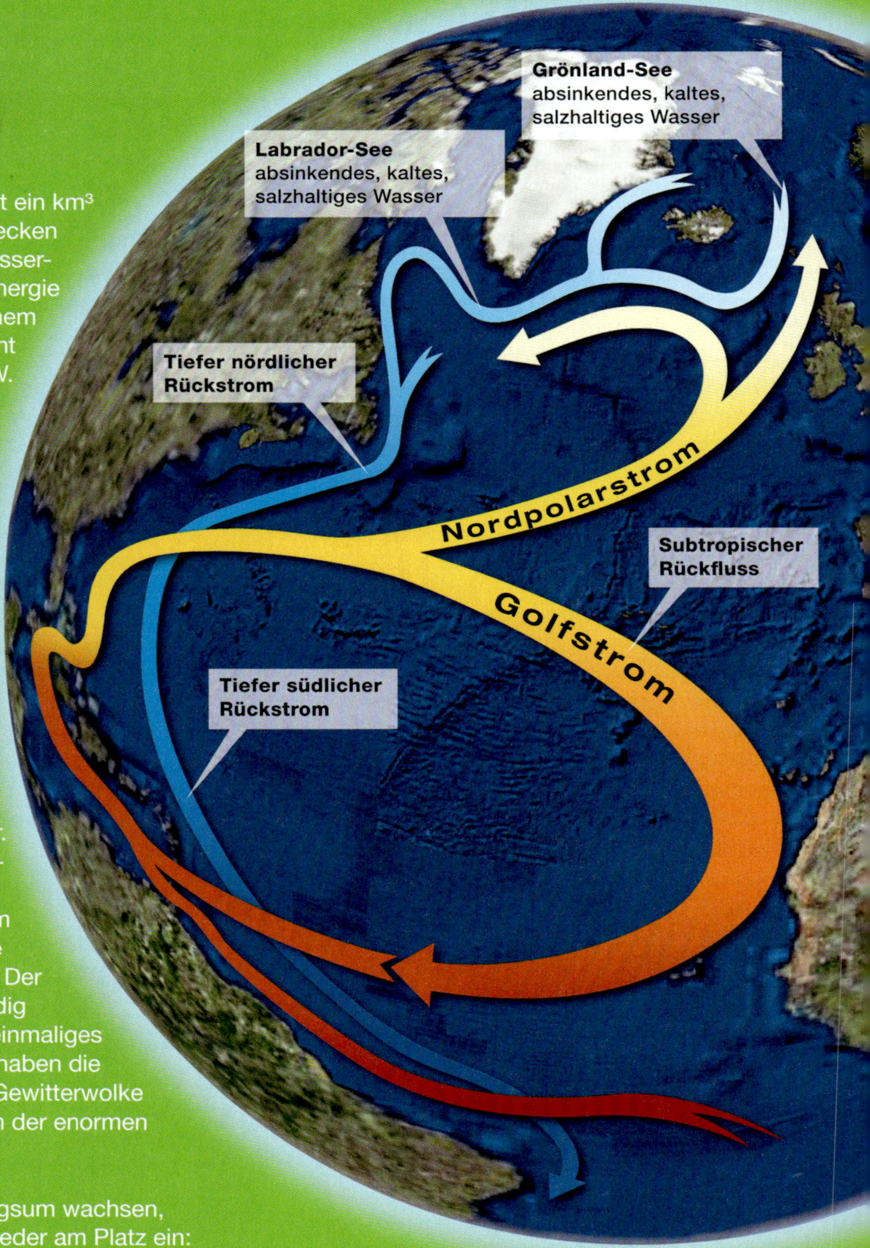

Während die Wolkentürme ringsum wachsen, trudeln die Segelflieger alle wieder am Platz ein: Schluss für heute! Tanja hilft beim Einräumen der Maschinen in den Hangar.

Die globalen Energieströme

Die Sonne schickt einen ständigen Energiestrom von $1{,}7 \cdot 10^{17}$ Watt auf die Erde. Warum werden wir bei dieser gigantischen Einstrahlung nicht alle allmählich gegrillt und gebraten – und warum ist es im Winter immer noch so kalt? Warum gab es im Laufe der Erdgeschichte immer wieder große klimatische Schwankungen, aber keine ewig andauernde Erwärmung?

Luft- und Meeresströmungen

Wetter und Unwetter - und der Wasserdampf als mächtiger Energiespeicher

Das große Bild ist „sonnenklar“: Die Sonne versorgt die Erde seit über 3 Milliarden Jahren mit einem ziemlich gleichmäßigen, mächtigen Wärmestrom von $1{,}7 \cdot 10^{17}$ W. Diese Einstrahlung von kostenfreier Energie ist 12 000 mal größer als der gigantische Energieumsatz der gesamten modernen Menschheit. Die Einstrahlung entspricht 26 MW für jeden der 6,6 Milliarden Erdenbürger, die zur Zeit im Mittel 2,2 kW an Primärenergie pro Kopf umsetzen. (Deutschland: 5,5 kW/Person.)

Nur 30% der Einstrahlung werden direkt von der Atmosphäre oder der Erdoberfläche reflektiert, aber der mächtige Rest erreicht die Erde und ihre Atmosphäre. Und mancherorts wird es bei „brennender Sonne“ ja auch unerträglich heiß – in der Wüste wurden Lufttemperaturen bis 70 °C gemessen. Das Erstaunliche ist nun, dass die Erde mit Hilfe ihrer Atmosphäre im zeitlichen Mittel praktisch genau dieselbe Energiemenge wieder ins Weltall abstrahlt – allerdings überwiegend als langwellige Infrarotstrahlung, denn die Erde leuchtet ja nicht wie die Sonne. Mehr dazu im Abschnitt „Treibhauseffekt“ (Seite 84). Langfristig geht so die gesamte eingestrahlte Energie wieder zurück ins All – bis auf die ganz winzigen Bruchteile an Energie, die in unseren fossilen Vorräten gespeichert ist, und an Erosionsarbeit, die, vermittelt durch Stürme, Gletscher und Regenfluten, über Jahrmillionen das Gesicht der Erde verändert hat. Besonders eindrucksvoll ist die Umkehrung des Energiestromes in wolkenlosen heißen Wüstenregionen, wo sich die Luft nachts bis unter den Gefrierpunkt abkühlen kann.

Etwa 51% der einfallenden Strahlung führen direkt zur Erwärmung der Ozeane und der Erdoberfläche und vergrößern damit die Verdunstung. Der Wasserdampfgehalt der Luft nimmt zu, und das treibt die „Wettermaschine“ an. Nur 1 % der Gesamteinstrahlung wird für die Photosynthese-Reaktionen absorbiert (S. 39).

Nun strahlt die Sonne zwar gleichmäßig, aber die sich drehende Erde macht daraus ein total verwickeltes und oft chaotisches Geschehen, das wir alle als Wetter, Klima und Jahreszeiten kennen. Verantwortlich dafür sind Tag oder Nacht, Meere oder Kontinente, Sommer oder Winter und die höhere Energieeinstrahlung in den Tropen im Vergleich zu den polaren Gebieten. Die räumlich und zeitlich ungleichmäßige Energieaufnahme und -abgabe ist der Motor für das Wettergeschehen und für die Meeresströmungen, denn Temperaturunterschiede wollen sich ausgleichen.

Die Physik der Atmosphäre ist hochinteressant, aber sehr komplex. Deshalb betrachten wir nur einige wichtige Vorgänge – die wiederum alle miteinander verwoben sind:

Dort, wo die Erdoberfläche erwärmt wird, steigt die Luft senkrecht auf in höhere Schichten, und kältere Luft strömt horizontal am Boden nach. So vermindern sich die Temperaturunterschiede, und die Wärmeenergie verteilt sich. Im einfachsten Fall könnte man denken, dass die kalte Luft direkt von den kalten Polen zum Äquator strömt und in der Höhe die warmen Winde zu diesen Regionen hin wehen. Tatsächlich gibt es gleichmäßige Winde, wie die Passatwinde, die ein wenig diesem Grundmuster folgen. Allerdings führt der Einfluss der Erdrotation, der unterschiedlichen Wasser- und Landmassen sowie der Gebirge zu wesentlich komplizierteren Windmustern. Dazu kommt die Temperaturvariation der Atmosphäre mit der Höhe und das Wechselspiel zwischen Meer, Wasserdampf, Wolkenbildung und Niederschlag.

Viel einfacher sind da die Meeresströmungen zu verstehen. Der Golfstrom, die große Warmwasserheizung für Nordeuropa, bringt tropisch erwärmte Wassermassen im Fußgängertempo nach Norden. Trotz seiner geringen Geschwindigkeit ist der Wärmetransport des Golfstroms beträchtlich, denn Wasser hat eine sehr hohe Wärmekapazität (spezifische Wärme). Man schätzt, dass der Golfstrom etwa 5 PW (Petawatt) an „Heizleistung“ nach Norden liefert. Das ist immerhin das dreihundertfache des gesamten derzeitigen Primärenergiebedarfs der Menschheit. Wenn der Golfstrom ausbliebe, würde es hier besonders im Winter viel kälter. Auf der Reise steigt der Salzgehalt des Wassers durch die ständige Verdunstung an. Nördlich Island schließlich sinkt das abgekühlte, salzhaltigere, dichtere Wasser in sehr große Tiefen ab, um sich als kalter Gegenstrom in der Tiefsee auf den langen Weg zurück nach Süden zu machen. Beim Absinken nehmen diese kalten Wassermassen übrigens sehr große Mengen an gelöstem Sauerstoff und CO_2 mit – beim Aufsteigen und Erwärmen werden diese aber auch wieder frei gegeben. Der Zyklus der CO_2-Aufnahme und -abgabe der Meere wird auf 370 Gt CO_2/Jahr geschätzt, das Gesamtinventar der Ozeane (ohne das CO_2 in den Sedimenten) auf 120 000 Gt CO_2. Zum Vergleich: Die CO_2-Emissionen durch das Verbrennen der „Fossilen Vorräte“ machen ca. 30 Gt/Jahr aus, von denen ca. 15 Gt pro Jahr in die Tiefen der Ozeane mitgenommen werden.

In feucht-gesättigter Gewitterluft bildet sich ein großer Wirbel: ein Tornado entsteht.

Die ca. 100 m mächtige obere Durchmischungsschicht der Ozeane besitzt eine Wärmekapazität, die 30mal höher ist als die der gesamten Atmosphäre darüber. Dennoch trägt die Atmosphäre zum Wärmetransport genau so viel bei wie die Meeresströmungen, weil die Windgeschwindigkeiten im Mittel hundertfach schneller sind als die Meeresströme.

Über ein Jahr und die gesamte Erde gemittelt lässt die Sonnenwärme eine Wassermenge verdunsten, die einer Wasserhöhe von etwa 1 m entspricht. Aus den tropischen Meeren und dem Regenwald ist die Verdunstung natürlich immer viel stärker. Der Wasserdampf in der Luft ist sehr energiereich, denn er enthält eine gespeicherte (latente) Energie, seine Verdampfungswärme. Diese gespeicherte Energiemenge ist gewaltig und führt zu den extremen Unwettern in den Tropenregionen. Weil sich jede Luftmasse beim Aufsteigen in die Höhe wegen des dort geringeren Druckes ausdehnt und dabei zwangsläufig abkühlt, kondensiert der unsichtbare Wasserdampf irgendwann wieder zu Wassertröpfchen. Aus diesen Tröpfchen bestehen die Wolken, und die Höhe der einsetzenden Tröpfchenbildung bildet die Wolkenuntergrenze. Die dort frei werdende Verdampfungsenergie heißt jetzt Kondensationswärme. Sie beträgt 1 kWh (Wärme) für 1,6 Liter Regen, und diese große Wärmemenge kann das weitere Aufsteigen der Luft stark beschleunigen. Ein prägnantes Beispiel dafür sind die hoch aufschießenden Gewitterwolken, in denen von dampfgesättigter warmer Luft sehr viel Kondensationsenergie freigesetzt wird. Dramatisch und zerstörerisch wird das Phänomen über warmem tropischem Wasser mit einer Temperatur von über 26,5 °C. Die Verdunstungsgeschwindigkeit nimmt dort unter Windeinfluss rapide zu, und es bilden sich sehr großflächige rotierende Gewitterwirbel. Diese tropischen Wirbelstürme heißen Hurrikane, Taifune oder Zyklone und verursachen verheerende Schäden durch Sturm und Regenfluten. Die Energie, die in einem Hurrikan freigesetzt wird, kann man abschätzen: eine Hurrikan-typische tägliche Niederschlagsmenge von 15 mm in einem Gebiet von 1 000 km Durchmesser ergibt eine gesamte Sintflut von 10^{13} Litern. Mit der Kondensationsenergie von $2{,}3 \cdot 10^{6}$ Ws/Liter und dem Zeitraum von 24 h erhält man eine Leistung von $2 \cdot 10^{14}$ W oder 0,2 PW, die diesem Wetterungeheuer seine Kraft verleiht. (Zum Vergleich: Der Nordpolarstrom heizt mit etwa 5 PW.) Die Zunahme der Zahl solcher Unwetter bei einer Erwärmung der Meere ist zu erwarten. Allerdings verläuft die Schadenssaison von Jahr zu Jahr sehr unterschiedlich, abhängig von Anzahl und Zugweg der Stürme.

Das lokale Klima (und das Wetter) ergeben sich aus einer großen Zahl von Einflüssen. Die wichtigsten sind natürlich die Wärmeeinstrahlung von der Sonne, die Wärmeabstrahlung der Erde und Wärmezufuhr oder -verlust durch atmospärische

Hurrikan vor der amerikanischen Küste: Der Durchmesser beträgt ca. 1000 km.

Einflüsse wie Wind und Wasser – sowie bisweilen ein wenig durch menschliche Energiezufuhr in Großstädten.

Dabei gibt es stabilisierende („negative") und destabilisierende („positive") Rückkopplungseffekte:

Stabilisierend (negative Rückkopplung):

- Sonnenwärme verdunstet Wasser aus dem feuchten Boden, der dadurch kühler bleibt. Die Wolkenbildung setzt ein und schirmt die Sonne ab. Das vermindert den Aufheizeffekt zusätzlich. Die Wolkendecke schützt obendrein auch vor starker nächtlicher Auskühlung.
- Sonne erwärmt die Ozeane. Es verdampft mehr Wasser. Das führt zu Wolkenbildung und … s.o.
- auf abkühlendem Wasser bildet sich eine Eis- und Schneedecke (Nordpolareiskappe), die das darunter liegende Wasser thermisch gut isoliert.

Destabilisierend (positive Rückkopplung):

- Sonnenwärme schmilzt eine (stark reflektierende) Schnee- oder Eisdecke. Der dunkle Erdboden absorbiert die Strahlung nun besser und erwärmt sich nachhaltig. („Erwärmung der Tundra")
- Sonnenwärme bringt Wasserdampf, Methan oder CO_2 in die höhere Atmosphäre. Die freigesetzten Treibhausgase wirken in Richtung einer weiteren Erwärmung. („Schnelle Klimaerwärmung").
- Zerstörung der Pflanzendecke führt zu Verminderung der Wolkenbildung, zu verstärkter Einstrahlung und letztendlich zu Wüstenbildung. Davon sind jedes Jahr etwa 60 000 km² betroffen.
- Weiße Eisflächen kühlen schnell aus und halten weitere Niederschläge als Schnee fest. („Eis-Rückstrahlungseffekt, weitere Vergletscherung")

Erstaunlicherweise betrachten manche Klimaforscher die Erde nur in zwei Extremphasen als relativ stabil: Warmphase – die gesamte Erde ist eisfrei, im Rhein plantschen Nilpferde und Krokodile – oder aber Eisphase, d. h. eine weitgehend vereiste Erde mit Dauerfrost vom Nordkap bis Paris.

Die momentane Mischphase, mit Skihängen in den Alpen und Obstwiesen an der Elbe, die uns so vertraut und angenehm erscheint, ist eventuell geophysikalisch instabil, nur ein Übergangsstadium und ganz sicher nicht der auf ewig zu erwartende Zustand dieses Planeten. Aber auch das sollte uns nicht allzu heftig erschrecken, denn die 10 000 Jahre seit der letzten großen Eiszeit sind doch für jeden einzelnen Menschen eine sehr lange Zeitspanne, obwohl sie tatsächlich nur die letzten „23 Sekunden" unseres „Weltall-Jahres" umfassen. Und schon lange lange zuvor, sozusagen in fernster Vorzeit, vor über 200 000 Jahren, hatte die hohe Zeit der tüchtigen Rheinländer begonnen. Sie wohnten in der Nähe des heutigen Düsseldorf oberhalb des Flüsschens Düssel in Kalkfels-Höhlen und hatten bereits weite Teile Europas erwandert. Heute heißt diese Gegend Neandertal …

Dein Check!

Bitte berechne für einen Liter Regen (m = 1 kg) die beiden Energieanteile:

1. die potenzielle Energie (Hubarbeit) für 1 kg auf 2000 m Höhe: $E = m \cdot g \cdot h$
2. Latente Wärme (Verdampfungswärme = Kondensationsenergie = 2,25 kJ/Gramm)

Die potenzielle Energie kann man im günstigsten Fall im Wasserkraftwerk nutzen. Die latente Energie dagegen erwärmt die Atmosphäre, verstärkt oft die Luftströmungen und -turbulenzen (Wirbel) und erregt damit bisweilen große Übelkeit bei Flugreisenden.

Die Pumpe mit Salzantrieb

Die Warmwasserheizung Europas, der nördliche Zweig des Golfstroms, wird angetrieben durch die **thermohaline Pumpe:** Das durch Verdunstung zunehmend salzhaltigere und dichtere Wasser des Nordatlantikstroms sinkt schließlich ab und kehrt als Tiefenstrom nach Süden zurück. Bemerkenswert ist, dass primär der Salzgehalt die zunehmende Wasserdichte bedingt, nicht aber die Temperatur, denn das Wasser im Nordatlantik liegt schon recht nahe dem Dichtemaximum. (Für Süßwasser liegt das Maximum bei +4 °C und zwischen 0 °C und 8 °C ändert sich die Dichte nur schwach.) Es gilt als sicher, dass eine „Verdünnung" des nordatlantischen Oberflächenwassers durch starken Süßwassereintrag den „Mechanismus" dieser Pumpe behindern könnte. Insofern könnte das Abschmelzen der nordpolaren Eiskappe durch eine Klimaerwärmung sehr ungünstig sein:

- Wenn Meeres- oder Grönlandeis schmilzt und dadurch der Nordatlantikstrom „verdünnt" wird, so schwächelt die Pumpe.
- Auch die Neubildung von schwimmendem Meereis würde vermindert. Weil das Meereis praktisch kein Salz einlagert, steigt der Salzgehalt des flüssigen Wassers darunter. Folglich destabilisiert auch die fehlende Meereisbildung die Pumpe.

Üblicherweise wird angenommen, dass das Versiegen der Pumpe und das *Ausbleiben des nördlichen Golfstroms* trotz globaler Klimaerwärmung zu einer *Abkühlung* in Nordeuropa führt.

- Das wiederum würde zu einer stärkeren Vereisung führen, damit den Süßwassereintrag reduzieren und so eine Stabilisierung der Pumpe bewirken (negative Rückkopplung).
- Außerdem bewirkt eine Klimaerwärmung eine stärkere Verdunstung aus der Deckschicht der Strömung und damit einen höheren Salzgehalt – auch das stabilisiert die Pumpe (wiederum negative Rückkopplung).

Die Warmwasserheizung Europas

- Westwinde
- durch den Nordpolarstrom aufgewärmtes Wasser
- Einflussbereich der über dem Wasser angewärmten Westwinde

Sicherlich wird das globale Strömungsfeld der Ozeane und das davon abhängige riesige Strömungsbild im Nord- und Südatlantik nicht erstarren, aber vielleicht endet der nördliche Zweig dann schon direkt vor Irland und es wird dort richtig schön warm. Erkennt Ihr, wie komplex und superschwierig detaillierte Klimavorhersagen für einzelne Regionen sind, weil sie die Änderungen von Luft- und Meeresströmungen, die Jahrestemperaturverläufe und die überaus wichtigen Niederschlagsmuster berücksichtigen müssen?

Bitterkalte Winter von Dezember bis Februar, danach eine lange, stabile Wachstumsperiode vom April bis in den späten Herbst und dazu immer wieder ausreichende, sanfte Regenfälle können ein sehr fruchtbares und gesundes Klima ergeben, selbst wenn die Temperatur im Jahresmittel um 2 Grad unter der jetzigen liegt.

Wenn aber die Niederschläge nur als Schnee in den Wintermonaten fallen und wenn dieser Schnee im Frühjahr zuerst gar nicht verschwinden will, dann aber auf eine plötzliche Schneeschmelze mit großen Überschwemmungen ein heißer und regenarmer Sommer folgt, dann kann diese Kombination für die Landwirtschaft verheerend sein, obwohl die mittlere Temperatur und die mittlere Niederschlagsmenge vielleicht sogar über der jetzigen liegt … . Der Teufel steckt im Detail, und beim Klima kommt es vor allem auf die Details an.

Dein Check!

Wieviel Wärme transportiert der nördliche Zweig des Golfstroms?

Das sieht zuerst nach einer fürchterlich schwierigen Frage aus – aber eine Abschätzung der Größenordnung ist gar nicht schwer. Außerdem macht das Rechnen mit großen Zahlen wirklich Spaß und verleiht viele Einsichten. Interessante Satelliten-Wärmebilder der NASA und ein paar nützliche Messwerte findet man leicht im Internet unter „Golfstrom". Wir können aus diesen einfachen Daten den Wärmetransport abschätzen, rechnen mit Zehnerpotenzen und müssen *bitte* die Umrechnung der Einheiten (km – m; h – s; kJ – J) beachten:

Breite B: ~ 1 000 km; Tiefe d ~ 75 m; Geschwindigkeit v ~ 6 km/h;
Gesamtes Temperaturgefälle dT von ~ 25 °C im Golf auf ~ 15 °C ergibt dT = 10 °C

Querschnittsfläche F = B · d = ______ m²; Geschwindigkeit v = 6 km/h = ______ m/s

Das Strömungsvolumen ergibt sich aus F · v = ______ m³/s = ______ Liter/s

Wasser hat eine spezifische Wärme c von 4,2 kJ / (Grad · Liter)

Die transportierte Energie pro Sekunde ergibt die Heizleistung P und folgt aus:

P = F · v · c · dT = ______ J/s = ______ PW

(Zur Erinnerung: 10^{15} J/s = 10^{15} Watt = 1 PW, „Petawatt")

Weil die Temperatur des Stromes auf dem Weg nach Norden ständig abnimmt, bleibt für Europa schließlich vielleicht noch 1/5 dieser Wärmemenge übrig, nämlich ______ PW.

(Sehr häufig liest man den Wert von 1 PW, wobei ich vermute, dass einer vom anderen abschreibt. In jedem Fall ist es befriedigend, wenn man die richtige Größenordnung selbst abschätzen kann.)

Wenn Du Deine Lösung kontrollieren willst, findest Du die Antworten auf S. 156.

Der Treibhauseffekt
Unser gütiger und wärmender Beschützer

In der Energiebilanz der Erde spielt die Atmosphäre eine entscheidende Rolle

Ich hoffe, dass Du Dich über diese Überschrift wunderst, denn wir hören ständig Meldungen über den gefährlichen Treibhauseffekt. Ganz falsch – der „natürliche" Treibhauseffekt der Atmosphäre ist für unser Leben so wichtig und gesund wie eine warme Bettdecke im ungeheizten Schlafzimmer – plus der nützlichen Wirkung von Sonnencreme am heißen Badestrand.

Der Reihe nach: Unsere Atmosphäre mit der Atemluft ist lebensnotwendig, und sie bietet zusätzlichen Schutz vor allzu energiereicher und deshalb gefährlicher ultravioletter Strahlung. Dafür ist vor allem das Spurengas Ozon (O_3) in der hohen Atmosphäre wichtig, weil es die kurzwellige UV-Strahlung ($\lambda < 0{,}3$ µm) absorbiert und als unschädliche Wärme wieder abstrahlt. Sein Effekt ist vergleichbar mit einer Fensterscheibe, die zwar wärmende Strahlung hereinlässt, nicht aber das UV-Licht. Hinter Glas kann es zwar sehr heiß werden, aber vor einem Sonnenbrand bist Du dort sicher. Eine geschädigte Ozonschicht („Ozonloch" über Australien) bewirkt deshalb ein vergrößertes Hautkrebsrisiko.

Bitte noch nicht „Aha" rufen. Das war nur eine Erinnerung an das bekannte Spurengas Ozon. Es ist für den „UV-Schutz" wichtig, aber als „Treibhausgas" nur die eher unbedeutende „Nummer 3".

Wenn wir den Treibhauseffekt einigermaßen verstehen wollen, müssen wir genauer hinschauen. Deshalb nehmen wir uns die Zeit und studieren die etwas komplizierte Energiebilanz der Erde im Weltall anhand der Abbildung rechts.

Die Sonne strahlt für uns mit einer Leistungsdichte von SC = 1,368 kW/m² (Solarkonstante). Wenn man diesen Wert über 24 Stunden und alle Regionen und Jahreszeiten mittelt, erhält man die mittlere Einstrahlung auf die Erde: S_0 = 342 W/m². S_0 ist einfach SC/4 und ergibt sich direkt aus dem Verhältnis von Erdschattenfläche (πr^2) zu Erdoberfläche ($4\pi \cdot r^2$). Wir setzen S_0 = 100% und betrachten die wichtigsten Energieflüsse – allerdings müssen wir dafür ganz extrem mitteln und vereinfachen, denn die Wüstentage und die Polarnächte, die Ozeane und die Landmassen tragen alle jeweils zur „globalen Energiebilanz" in ganz unterschiedlicher Weise bei.

Wir sehen sofort, dass 30 % der einfallenden Strahlung direkt wieder in den Weltraum reflektiert wird, wobei die Wolken den größten Beitrag liefern. 19 % erwärmen die Luftmassen über uns. Deren Hauptbestandteile (78% Stickstoff, 21% Sauerstoff und 1% Argon) sind für das solare Strahlungsspektrum weitgehend durchlässig. Die Absorption erfolgt vor allem an den Spurengasen wie Wasserdampf (Beitrag 62%), CO_2 (Beitrag 22%) und Ozon (Beitrag 7%). Übrig bleiben danach 51% von S_0, die die Erdoberfläche, also Ozeane und Land, erreichen. Sie erwärmen Wasser und Boden und bewirken hier eine mittlere Temperatur von 15 °C. Diese hat aufsteigende warme Luft und die Verdunstung von Wasser, vor allem aus den tropischen Ozeanen zur Folge.

Zusätzlich strahlen die Land- und Wasserflächen Wärme ab. Bei einer Oberflächentemperatur von 288 K (15 °C) führt das physikalische Strahlungsgesetz (T^4-Gesetz des Schwarzen Strahlers) zu

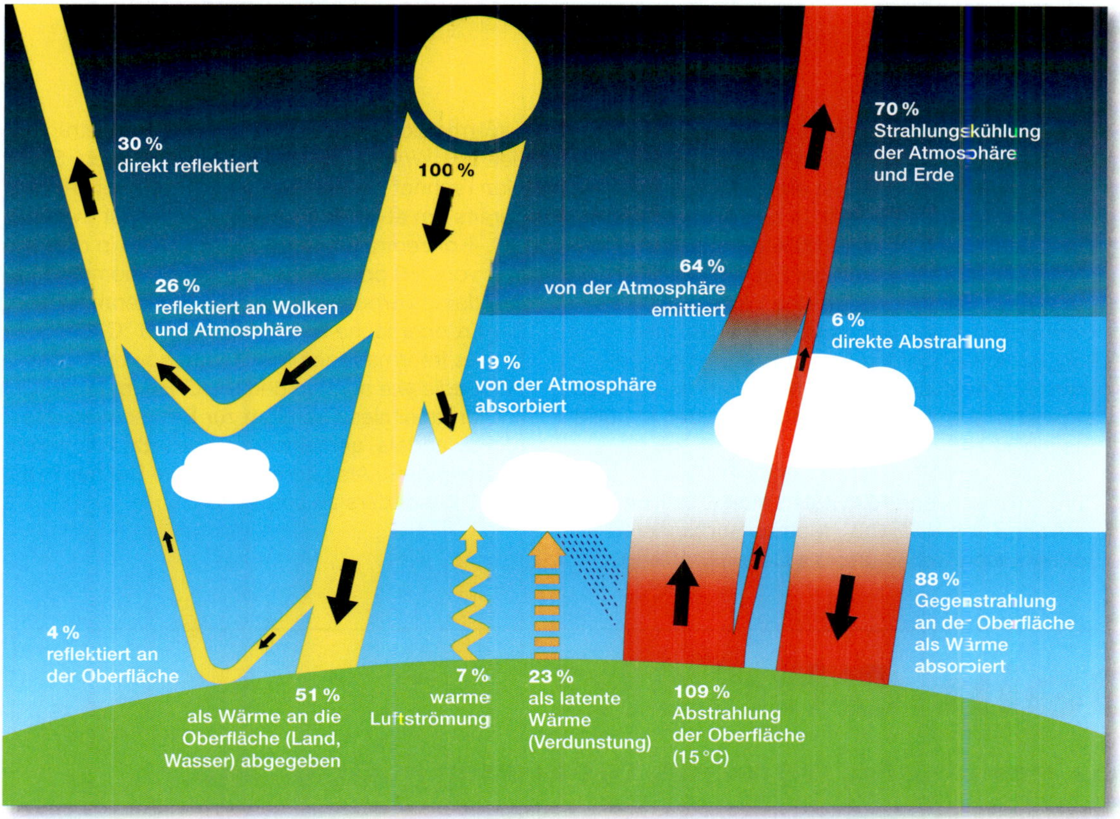

Energiebilanz der Erde im Weltall

Das Sonnenspektrum enthält viele Wellenlängen

Wärmestrahlung

Die dargestellten Energieströme (nach Ref. 9) sind mittlere gegenwärtige Werte auf die mittlere Einstrahlung S_0 bezogen:

$S_0 = 342\ W/m^2 = 100\,\%$

dem erstaunlich hohen Wert von 109% von S_0. Glücklicherweise geht diese Wärmestrahlung nicht ins All verloren, sondern wird überwiegend von der Atmosphäre absorbiert. Die Atmosphäre aber und vor allem eine niedrige dichte Decke warmer Wolken strahlt im zeitlichen Mittel sehr effektiv wärmend in Richtung Erde zurück: Etwa 2/3 dieser Gegenstrahlungsenergie erreicht uns bereits aus einer Höhe von unter 100m. Diese zwischen Abstrahlung und Gegenstrahlung eingefangene Energie ist also beträchtlich, und die Gegenstrahlung macht im Mittel mit 88% einen größeren Betrag aus als die direkte Einstrahlung (51%). Auch das erscheint zunächst unplausibel – aber wir betrachten hier nicht einen Sommersonnentag, sondern das globale Jahresmittel (einschließlich der Nächte und Polregionen).

Ohne die Spurengase Wasserdampf und CO_2 in der Atmosphäre entfiele die Gegenstrahlung im wesentlichen, und die mittlere Temperatur der Erdoberfläche betrüge nur –15 bis –18 °C: Es wäre also 30 bis 33 Grad kälter. Deshalb ist der natürliche Treibhauseffekt für das Leben auf der Erde so überaus wichtig.

Die Abstrahlung der Erdoberfläche (109 % S_0 = 373 W/m²) erreicht offensichtlich nur zu einem sehr kleinen Teil (6% S_0) direkt den Weltraum. Der wesentliche Anteil zur Abkühlung, die dringend nötig ist, damit wir hier nicht „unter unserer warmen Bettdecke verschmoren", wird mit 64% S_0 von der Atmosphäre selbst emittiert („Strahlungskühlung der Atmosphäre"). In summa werden damit tatsächlich wieder 100% der Einstrahlung in den Weltraum abgegeben. Ein Teil der eingestrahlten Energie wurde eine Weile zwischen Erdoberfläche und der „warmen Decke" der Atmosphäre eingefangen und zwischengespeichert. Nur deshalb ist es im Mittel auf der Erde so angenehm warm. Die Gesamtbilanz aber ist völlig ausgeglichen.

Durch menschliche Aktivitäten steigt die Konzentration von H_2O, CO_2, Methan und anderen Spurengasen weiter, und die Gegenstrahlung („Wärmerückstrahlung") nimmt zu. Sie beträgt zur Zeit 301 W/m², das sind 88 % von S_0 (Abb. S. 85). Man rechnet damit, dass dieser Wert seit 1850 bereits um etwa 4 W/m² angestiegen ist, weil die CO_2-Konzentration in der Atmosphäre in dieser Zeit von 280 ppm auf 385 ppm zugenommen hat. Der damit verbundene globale Temperaturanstieg der Erdoberfläche beträgt bisher 0,8 °C. Dazu gibt es Informationen im Internet sowohl in der Wikipedia wie auch in den IPCC-Berichten (IPCC = internationales Gremium zur Erforschung des Klimawandels, gemeinsam eingesetzt von vielen Regierungen). Als Literatur sind die Bücher 7, 8 und 9 besonders zu empfehlen.

Dein Check!

Was geschieht, wenn die Gletscher in Grönland schmelzen?

Das Grönlandeis liegt auf festem Fels und bedeckt eine Fläche von etwa 1,8 Millionen km². Es ist an den dicksten Stellen bis zu 3000 m dick. Im Mittel kann man mit 1600 m Dicke rechnen. Selbst wenn sich die Erdtemperatur um mehrere Grad erwärmt, dauert es immer noch sehr viele Jahrhunderte, bis dieser dicke Block vollständig aufgetaut ist.

1. Wie viele Kubikkilometer Eis liegen auf Grönland?

   Antwort: Das Volumen V beträgt $1{,}8 \cdot 10^6\ \text{km}^2 \cdot 1{,}6\ \text{km}$ = ______ km³ Grönlandeis

2. Wie stark steigt der Meeresspiegel, falls alles Eis vollständig abschmelzen würde?
   Die Fläche der Weltmeere beträgt F = 365 Millionen km².

   Der Anstieg h = V : F = ______ km = ______ m.

   Man erkennt, dass ein völliges Abschmelzen des Grönlandeises eine beträchtliche Überschwemmung sehr vieler Küstenregionen bewirken wird.

3. Warum steigt im Gegensatz dazu der Meeresspiegel nicht an, wenn schwimmende Eisberge oder schwimmende Eisplatten schmelzen?

   ____

   ____

Wenn Du Deine Lösung kontrollieren willst, findest Du die Antworten auf S. 156.

Die Glasscheiben eines Treibhauses lassen einen weiten Spektralbereich des Sonnenlichts ins Innere eintreten. Dadurch wird der Innenraum erwärmt. Die Wärmestrahlung, die nun vom erwärmten Innenraum ausgeht, hat eine wesentlich geringere Energie (= größere Wellenlänge) als das Sonnenlicht und wird von den Glasscheiben absorbiert. Die Glasscheiben selbst werden dadurch erwärmt und strahlen nach beiden Seiten ab: Die nach außen abgestrahlte Wärme ist verloren, die nach innen abgestrahlte Wärme heißt „Wärmerückstrahlung“ oder „Gegenstrahlung“ und steht dem Gewächshaus wieder zur Verfügung. Die Temperatur im Gewächshaus steigt so lange, bis sich die Glasscheiben so weit erhitzt haben, dass die Abstrahlung nach außen mit der eingestrahlten Sonnenwärme ins Gleichgewicht kommt. Dabei kann die Temperatur im Inneren drastisch ansteigen, wie man es von in der Sonne geparkten Autos kennt.

In der Atmosphäre der Erde wird die Rolle der Glasscheiben vor allem durch die Gase H_2O und CO_2 übernommen. Weil das CO_2 sehr lange in der Atmosphäre verweilt, kann es den im thermischen Gleichgewicht befindlichen Wasserdampf (H_2O) in der Luft steuern. Man weiß, dass eine steigende CO_2-Konzentration zu einer Erwärmung führt. Diese wiederum bewirkt einen Anstieg der H_2O- Konzentration durch Verdunstung und verstärkt dadurch die Treibhauswirksamkeit des CO_2. Man sagt: „Der Wasserdampf folgt dem CO_2.“

Ein Blick zurück:

In der Erdgeschichte gab es immer wieder sehr unangenehme Überraschungen

Es wird immer wieder zitiert, dass die Erwärmung der Meere und die damit verbundene Ausdehnung des Wassers zu großen Überschwemmungen führen muss. Wir rechnen das nach:

Wasser von 5 bis 20 °C hat einen Ausdehnungskoeffizienten von ca. 10^{-4}/Grad. Wir betrachten eine 100 m dicke Schicht Wasser bei konstanter Grundfläche. Diese Zahl ist eine gute Annahme, denn die oberste Wasserschicht der Ozeane von etwa 100 m Dicke wird Deckschicht genannt und nimmt wegen der Durchmischung durch die Winde direkt am Wettergeschehen teil. Bei einer Erwärmung dieser Schicht um 1 °C steigt der Wasserspiegel um 1 cm, bei 5 °C entsprechend um 5 cm. Betrachten wir nun den unwahrscheinlichen Fall, dass sich die mächtigen Ozeane alle tatsächlich bis in 4000 m Tiefe um 5 °C erwärmen, erst dann stiege der Meeresspiegel um etwa 2 m.

Wenn die nordpolare Eiskappe schmilzt, dann steigt der Meeresspiegel überhaupt nicht, weil dieses Eis bereits auf dem Wasser schwimmt.

Wenn aber das Festland-Eis in Grönland und in der Antarktis abschmilzt, dann würde unseren Meeren neues Wasser zugeführt, und das kann den Meeresspiegel deutlich erhöhen. Dazu gibt es eine kleine Rechnung auf S. 86.

Allerdings sah die Lage für Deine Vorvorfahren vor ca. 10 000 Jahren wesentlich kritischer aus. Fast 100 000 Jahre lang war es im Mittel 5 – 7 °C kälter als heute gewesen. Im Laufe dieser Eiszeit hatten sich riesige Eisschilde auf allen nördlichen Landmassen gebildet und das im Eis gebundene Wasser fehlte den Meeren. So war der Meeresspiegel um bis zu 120 m niedriger als wir es heute kennen. Die Nordsee war eine verschneite Tiefebene, und Themse und Elbe bildeten Nebenflüsse des Rheins, der erst südlich Island in den Nordatlantik strömte. Dann aber schmolz der Eispanzer, der in 100 000 Jahren gewachsen war, innerhalb von nur wenigen 1000 Jahren. Eine furchterregende Sintflut ergoss sich in die Meere und ließ sie schließlich innerhalb eines einzigen Jahrhunderts um mehrere Meter ansteigen …

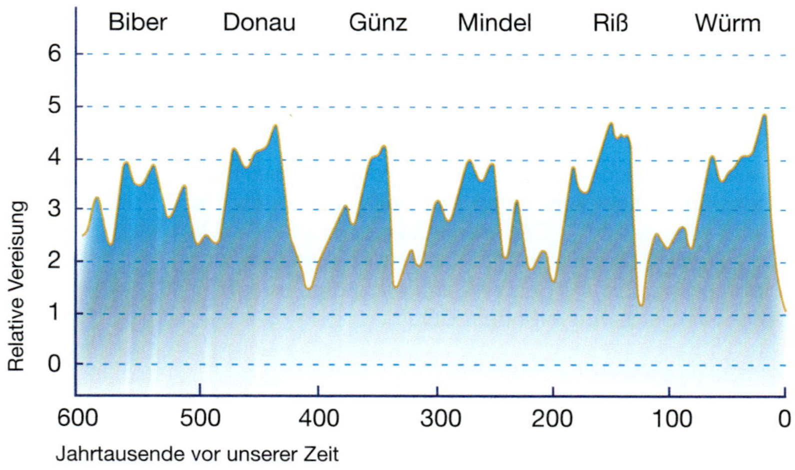

Das Diagramm zeigt den zeitlichen Verlauf der Vereisung der Kontinente in den letzten 600 000 Jahren. Die Eiszeiten sind jeweils nach Flüssen benannt.

Die Würm-Eiszeit war die vorläufig letzte große Eiszeit. Zwischen den Eiszeiten liegen Warmzeiten. So war es vor 120 000 Jahren und vor 6000 Jahren etwas wärmer als in der Gegenwart. (Die Messverfahren für die Bestimmung des Temperaturverlaufes benutzen Isotopenanalysen in Sedimenten oder in Eisbohrkernen.)

Stell Dir vor, wie Dein Ur-Urvorfahre seinen schwer mit Fleisch bepackten Schlitten von der Mammutjagd fröhlich nach Hause zieht – und plötzlich steht er vor einer nie dagewesenen Wasserfläche. Er kommt kaum noch in seine Höhle, weil selbst kleine Bäche zu großen Flüssen anschwellen. Es taut in diesem Frühjahr wie noch nie, und die großen Ströme überschwemmen riesige Flächen. Gewaltige Wassermassen rauschen im Rhein von den Alpengletschern bis in den Nordatlantik, der Meeresspiegel steigt und steigt. Letztendlich werden es mehr als einhundert (!) Meter sein, die Landflächen der Nord- und Ostsee verwandeln sich dabei dauerhaft zu Meeren. England wird zu einer Insel. Weltweit werden alle tiefgelegenen Regionen überflutet und bilden die heutigen Schelfmeere.

Warum hat sich das Klima damals so schnell und so drastisch geändert? Wir wissen es nicht. Die Sonneneinstrahlung hat – wegen geringfügiger Veränderungen der Erdbahn – mit Sicherheit nur sehr wenig und keinesfalls so rapide variiert.

600 000 Jahre sind erdgeschichtlich nur ein ganz kurzer Zeitraum und entsprechen den „letzten 23 Minuten" unseres Weltall-Jahres. In dieser Zeit gab es regelmäßig alle 100 000 Jahre, also „alle 4 Minuten", lang andauernde Vereisungsperioden mit relativ kurzen Warmzeiten dazwischen.
Die letzte Eiszeit liegt nur 10 000 Jahre, also „23 Sekunden", zurück, und vor 6000 Jahren war das Klima tatsächlich schon ganze 2 Grad wärmer als es jetzt ist. Allerdings gab es auch immer wieder kräftige Schwankungen und in der „kleinen Eiszeit" von 1550 bis 1700 wurde es sogar noch 2 Grad kälter als es heute ist. Schließlich leben wir nur in einer „Zwischeneiszeit", wie die Abbildung links zeigt. Die nächste Eiszeit wird von den Geologen aber erst in etwa 10 000 Jahren erwartet.

Aber etwa ab 1850 geschah etwas Einschneidendes, in der Erdgeschichte Einmaliges, mit sehr weitreichenden Konsequenzen:

Deine Vorfahren knabberten sich mühevoll durch die dicken Schutzschichten, unter denen die Natur ihre fossilen Vorräte versteckt hielt. Nun brauchten sie nicht mehr die Wälder für Haus, Hof und Dampfmaschine zu verheizen, sondern sie buddelten sich tief hinunter in die Kohle oder bohrten nach Öl. Der Erfolg war durchschlagend: Die tüchtigen „Erdlinge" konnten sich mächtig vermehren, ohne zu verhungern oder zu erfrieren, weil sie nun innerhalb von nur 0,4 Weltall-Sekunden die technischen Errungenschaften entwickeln und nutzen konnten, die uns heute ganz selbstverständlich erscheinen. Allerdings, ganz langsam und lange Zeit nur von wenigen Gelehrten erkannt, doch stetig und unaufhaltsam, stieg in der Atmosphäre der Pegel der Verbrennungsabgase (vgl. S. 79, 86, 91, 158). Und jetzt?

Das Meer wird uns nicht im Handumdrehen verschlingen. Auch wenn es uns gelingen sollte, den Raubbau an den fossilen Vorräten zu drosseln, so schätzt die Referenz 7 immer noch einen Anstieg um 3 – 5 m bis zum Jahr 2300 ab. Auch das ist für viele Küstenregionen extrem bedrohlich.
Der Kreis schließt sich: Die fossilen Vorräte halten sowieso nicht mehr lange, und es ist nun allerhöchste Zeit, eine Energieversorgung ohne sie in den Griff zu bekommen. Die „Erdlinge" müssen sich möglichst schnell in „Sonnenkinder" verwandeln

Klimaperioden der nahen Vergangenheit

Bis ca. 2500 v. Chr.:
Warmzeit, ca. 1,5 bis 2 °C wärmer als heute, niederschlagsreich, Meeresspiegel durch Abschmelzen von Festlandeis 1 bis 2 Meter höher als heute. Ab 2500 v. Chr. Abkühlung, wahrscheinlich auch trockener als heute.

2200 bis 2000 v. Chr.:
Ausgeprägt kalte Epoche.

1850 bis 1200 v. Chr.:
Sehr warme, aber wenig beständige Klimaepoche (sog. „Subboreal")

1200 bis 450 v. Chr.:
Sehr kalte, niederschlagsreiche Zeit mit Temperaturen, die 1 bis 2 °C unter den heutigen lagen. Vorstoß indogermanischer Völker nach Süden.

200 v. bis 350 n. Chr.:
Sehr warme, meist niederschlagsreiche, erst gegen Ende trockener werdende Periode; etwa 1 °C wärmer als heute. Weinbau bis zur Nord- und Ostsee.

400 bis 700 n. Chr.:
Kalte, regnerische Periode mit zahlreichen Gletschervorstößen. Zeit der germanischen Völkerwanderungen nach Süden in den Mittelmeerraum.

900 bis 1250 n. Chr.:
„Mittelalterliche Warmzeit", ca. 1 bis 1,5 °C wärmer als heute, Meeresspiegel ca. 80 cm höher als heute. Vermutlich sehr ausgeglichene Witterung mit wenig Stürmen. Besiedlung von Island und Grönland durch die Wikinger. Vorstoß bis Amerika. Weinbau in Südengland.

ab 1250 n. Chr.:
Abrupte „Klimawende" mit Abkühlung, heftigen Stürmen und starken Regenfällen.

1300 bis 1850 n. Chr.:
Kühle, meist niederschlagsreiche Zeit mit heftigen Stürmen und starken Schwankungen der Witterung. Zwischen 1550 und 1700 vermutlich kälteste Epoche seit der Jüngeren Dryas, sog. „Kleine Eiszeit" mit um 1,5 bis 2 °C tieferen Temperaturen und bis zu 2 m niedrigerem Meeresspiegel als heute; Gletscher ca. 200 Höhenmeter weiter in die Täler vorstoßend.

ab 1850 n. Chr.:
Relativ warme, klimagünstige Zeit.

Quelle: W. Roedel, Physik unserer Umwelt (Ref. 9)

Kommt die Klima-Katastrophe?

Gestern abend im Fernsehen ist die Klimakatastrophe in eindringlichem Tonfall und mit vielen, oft irreführenden Bildern von Wasserdampf, kalbenden Eisbergen, Meereswellen, Überschwemmungen, Dürre und blutroten Sonnenuntergängen hinter Fabrikschloten beschworen worden. Tanja ist sehr verunsichert und geht nach der Chemiestunde zu ihrer Lieblingslehrerin, Frau Dr. Richter. Sie ist immer eine gute Anlaufstation: „Frau Richter, ich finde die Nachrichten so bedrohlich – das CO_2 führt uns direkt in die Katastrophe. Ist das alles korrekt oder übertrieben?"

Frau Richter lacht: „Meistens eine Mischung aus beidem. Katastrophen verkaufen sich nun einmal besonders gut in den Medien. Für den Physikunterricht habe ich vor einigen Monaten eine Aufstellung gemacht. Hier habe ich noch eine Kopie für dich. Die Zahlen sind sorgfältig ermittelt. Wir haben den CO_2-Gehalt der Atmosphäre besprochen. Da gibt es besonders genaue Daten. Morgen können wir dann noch einmal darüber reden."

CO_2: Gehalt, Anstieg, Emission	Wert
CO_2-Gehalt während der Eiszeiten bei großer Vereisung	unter 200 ppm
CO_2-Gehalt während der Warmzeiten zwischen den Eiszeiten	max. 280 ppm
CO_2-Gehalt der Luft seit 10 000 Jahren, bis etwa 1850	280 ppm
CO_2-Anstieg durch die Industrialisierung beginnt um 1850	
CO_2-Gehalt in der Luft heute (2007)	385 ppm
CO_2-Anstieg heute (2007)	mind. 2 ppm pro Jahr
CO_2-Gehalt der Atmosphäre 2007 in Tonnen	$3100 \cdot 10^9$ t CO_2
CO_2-Emission durch Nutzung der „Fossilen", ca.	$30 \cdot 10^9$ t CO_2 pro Jahr
CO_2-Emission durch Abbrennen von Wäldern, Erdgasfackeln, ca.	$5 \cdot 10^9$ t CO_2 pro Jahr
CO_2-Emission durch Menschen, insgesamt	$35 \cdot 10^9$ t CO_2 pro Jahr

„Das hier habe ich nicht verstanden" sagt Tanja am nächsten Tag zu Frau Richter, „dann müßte der CO_2-Spiegel ja jedes Jahr um mehr als 1% ansteigen, denn $35 \cdot 10^9$ ist mehr als 1/100 des CO_2-Gehaltes der Luft! Das wäre ja ein Anstieg um etwa 4 ppm CO_2 pro Jahr." „Das stimmt. Weil aber etwa die Hälfte des emittierten CO_2 im Meerwasser gelöst wird, kommen wir zu nur 2 ppm Anstieg in der Atmosphäre pro Jahr."

CO_2: Prognosen	Wert
CO_2-Prognose für 2050 bei großen Vermeidungsanstrengungen:	ca. 480 ppm
CO_2-Prognose für 2050 ohne jede Vermeidungsmaßnahmen	über 510 ppm

Tanja meint betrübt: „Diese Prognosen hier sind ja trotzdem sehr ernüchternd. Da ist ja nur ein ziemlich geringer Unterschied zu sehen. Kann man denn die Verbrennung der „Fossilen" nicht schneller stoppen?" „Tanja, denk an die wachsende Zahl der Menschen und ihre steigenden Ansprüche" erwidert Frau Richter. Tanja hakt nach: „Wenigstens das Abbrennen der Tropenwälder müsste doch schneller zu begrenzen sein!" Frau Dr. Richter wird bei diesem Thema regelmäßig zornig: „Die Menschen machen immer wieder dieselben Fehler! Schau dir das abgeholzte Italien und Griechenland mit den verkarsteten Bergen an. Auch der Boden im Tropenwald ist empfindlich, nährstoffarm und sehr schnell ausgelaugt. Schon nach wenigen Jahren ist die Landwirtschaft auf den Brandrodungen unergiebig und es muss neuer Wald abgebrannt werden. Zurück bleibt eine zerstörte Landschaft – eine Schande. Nachhaltig ist das wahrlich nicht." Frau Richter gerät in Rage: „Und dann sollen diese misshandelten Flächen als landwirtschaftlicher Ausgleich für vermehrten Zuckerrohr-Biokraftstoffanbau herhalten. Das ist einfach nicht in Ordnung!"

Tanja möchte sie am liebsten etwas beruhigen: „Mir scheint, als brauchten wir eine riesige technische Revolution – sozusagen zurück in die Vorkohle- also in die vorindustrielle Zeit. Allerdings, das ist unrealistisch, das kann ich mir gar nicht vorstellen. Haben wir dann 2050 in Deutschland auch ein Tropenklima mit Krokodilen und Palmen? Immerhin, in der Braunkohle bei Köln wurden ja genau solche Versteinerungen gefunden!" Frau Richter lächelt wieder: „Das ist nun aber extrem zu weit gegriffen. In der Zeit vom Karbon bis Tertiär, also vor 300 bis 30 Millionen Jahren, lag der CO_2-Gehalt bei weit über 1000 ppm. Aber Sorge machen mir die globale Erwärmung und der dadurch veränderte Wasserhaushalt schon."

CO_2: Temperatur und Meeresspiegel	Wert
CO_2-Zunahme seit 1850, durch Menschen bedingt	105 ppm CO_2, d.h. 30%
CO_2-bedingte Zunahme der Wärmerückstrahlung (S. 84) bisher	4 Watt/m²
Globaler Temperaturanstieg seit 1850	ca. 0,8 °C
Prognose für den Temperaturanstieg bis 2050	weitere 1 – 2 °C
Zunahme der Verdunstungsrate bei 15 °C Wassertemperatur	7 % pro Grad
Anstieg des Meeresspiegels zur Zeit	ca. 3 mm pro Jahr
Anstieg des Meeresspiegels seit 1850	ca. 20 cm

„Also vor allem mehr Verdunstung, deshalb höhere Niederschläge und auch schmelzende Eisberge wegen des Temperaturanstiegs? Was macht der Meeresspiegel in Zukunft?" Frau Richter ist vorsichtig: „Denk daran, dass die Tiefen der Meere und die dicken Eiskappen in den Polarregionen nicht direkt im Gleichgewicht mit der Luft stehen. Da gibt es gewaltige spezifische Wärmen, die sehr lange Zeitkonstanten bewirken. Allein die grönländische Eisbedeckung ist bis zu 3000 m dick und entsprechend sehr träge. Wie schnell der Meeresspiegel ansteigen wird, ist deshalb nicht leicht vorherzusagen. Aber denkbar ist schon ein Anstieg um 1 m in hundert Jahren. Etwa um 2050 werden wir wissen, ob die Modellrechnungen der Klimatologen zutreffen. Die relativ kleinen Alpengletscher dagegen werden schnell schrumpfen. Für den Wasserhaushalt in den Bergen ist das sicher sehr ungünstig, weil der jahreszeitliche Ausgleich durch das im Sommer gleichmäßig fließende Schmelzwasser schwächer wird. Der fehlende Ausgleich durch die Gletscher führt zu stärkeren Hochwassern und trockeneren Flüssen im Sommer."

Tanja ist jetzt zwar ein wenig klüger – aber weiterhin sehr nachdenklich. CO_2-Vermeidung und Klimaschutz erfordern offensichtlich sehr langfristige und tiefgreifende Veränderungen. Frau Richter schaut sie an: „Tanja, wir müssen wohl oder übel damit rechnen, dass unsere kohlenstoffbasierten Energieträger nicht mehr so preiswert bleiben können wie bisher. Das passt doch alles ganz gut zusammen: Klimaschutz, Energiesparen und neue Energietechnologien. Kein Grund zur Panik – wohl aber eine sehr wichtige Richtschnur für unser Handeln. Das gilt für jeden einzelnen von uns genau so wie für die Wirtschaft und die große Politik."

Dein Check!

Bitte vergleiche den CO_2-Gehalt der Atmosphäre (S. 91 und S. 162) mit dem CO_2-Inventar der Ozeane (S. 79). Zur Erinnerung: 10^9 t = 1 Gt, „Gigatonne"

a: CO_2 in der Atmosphäre: ______ Gt

b: CO_2 gelöst im Wasser: ______ Gt

Mengenverhältnis a/b: ______ %

Man schätzt, dass zusätzlich in Kalksedimenten wie $CaCO_3$ etwa $7{,}5 \cdot 10^7$ Gt CO_2 gebunden sind. Dort ist diese unglaubliche Menge an CO_2 sehr sicher verwahrt. Nur die Erhitzung durch Erdwärme und Vulkanismus beim Absinken der tektonischen Platten oder aber die Öfen der Kalk- und Zementindustrie treiben es wieder aus in die Atmosphäre.

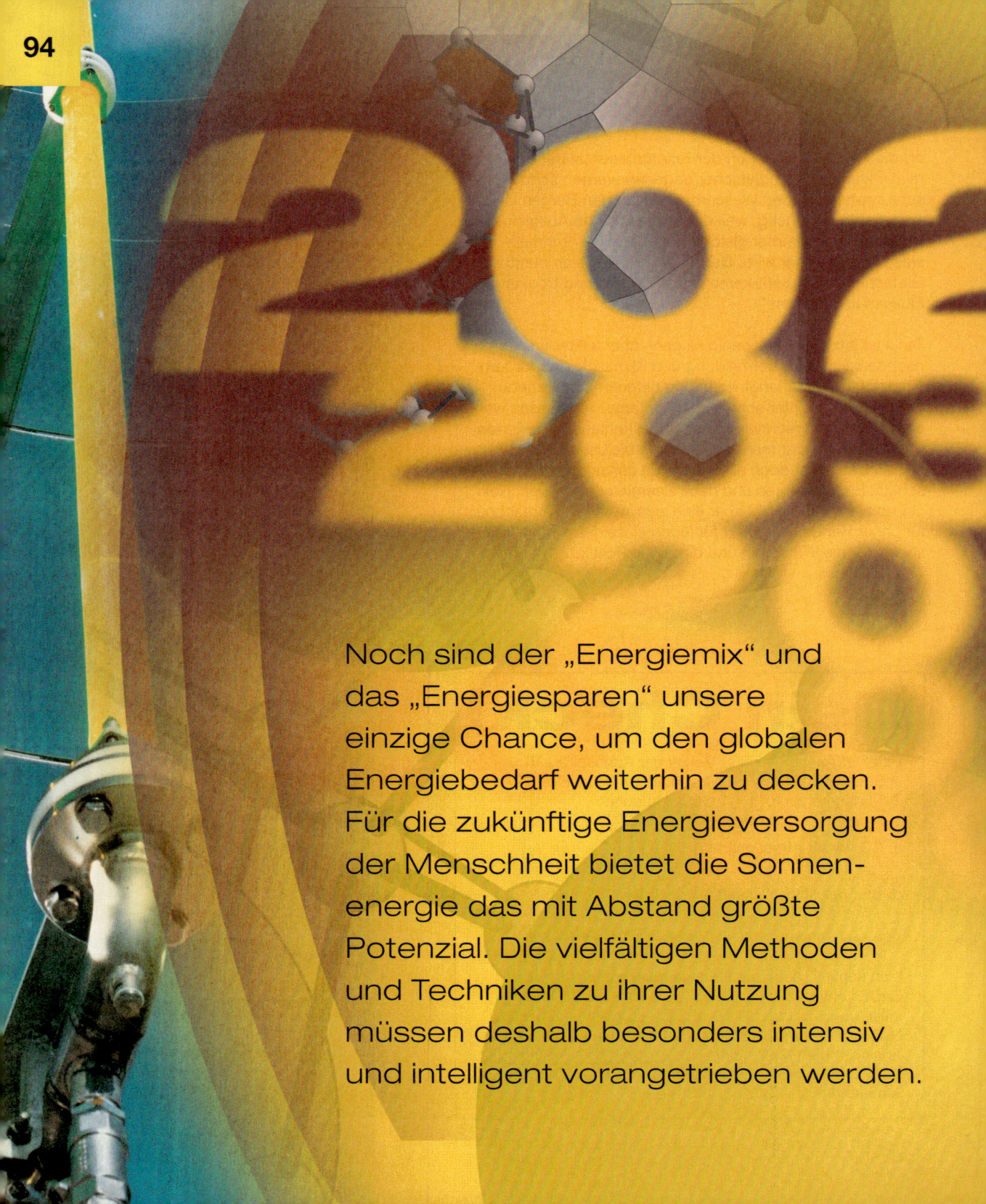

Noch sind der „Energiemix“ und das „Energiesparen“ unsere einzige Chance, um den globalen Energiebedarf weiterhin zu decken. Für die zukünftige Energieversorgung der Menschheit bietet die Sonnenenergie das mit Abstand größte Potenzial. Die vielfältigen Methoden und Techniken zu ihrer Nutzung müssen deshalb besonders intensiv und intelligent vorangetrieben werden.

Energie und Zukunft

Wer genug Energie hat, kann fast alle Probleme lösen!

Das ist natürlich sehr provozierend formuliert, denn niemand kann mit Energie (im technischen Sinne) etwa Krankheiten heilen. Nicht einmal Mathe oder Vokabeln lernen kann man mit Hilfe von Erdöl oder Kilowattstunden. Wenn wir über Energie reden, dann ist damit auch nicht die Esoterik mit ihrem nebulösen Energiebegriff oder gar Deine persönliche Willensstärke gemeint. Wir betrachten nur die chemischen Energieträger (Öl, Benzin, Gas, Kohle,...) oder die physikalischen Energieformen wie die elektrische oder nukleare Energie.

Weil alle Energieformen weitgehend ineinander verwandelt werden können, sind sie auch untereinander austauschbar. Beispielsweise würden die meisten Menschen die Kohleverbrennung und die Kernenergie möglichst schnell durch Solar-, Wind- und Wasserkraft ersetzen. Allerdings müssen dafür die Fragen nach den Kosten, der bedarfsgerechten Verfügbarkeit und der möglichen Vorratshaltung, also Speicherung, geklärt werden. In der Tabelle unten sind einige ganz grobe Abschätzungen zu den heutigen Baukosten genannt, um die Tendenzen zu verdeutlichen.

Dazu kommt die Tatsache, dass Sonne und Wind über ein Jahr gemittelt – wegen Flauten und Wolken – nur höchstens 20% der maximal möglichen Leistung liefern, so dass für die Sicherstellung der Stromversorgung zu jedem Megawatt installierter Wind- oder Solarleistung obendrein auch noch parallel dieselbe (meistens fossile) Ersatzleistung, typischerweise als schnell reagierendes Gaskraftwerk, gebaut und bereit gehalten werden muss. Auch wenn die Brennstoffkosten für Gas am höchsten, für Kohle und Kernenergie geringer und Wind und Sonne gratis sind, so fließen doch die Anlagenkosten, der Erhalt, die Wartung und die Entsorgungskosten wesentlich in die Bilanz ein. Deshalb findet Ihr auf Seite 98 eine Darstellung der Stromerzeugungskosten für die wichtigsten Kraftwerkstypen.

An diesen Zahlen kann man die unangenehme Zwickmühle erkennen, in der alle Energieunternehmen stecken, die im weltweiten Wettbewerb stehen:

- Preiswert produzieren oder auf umweltfreundlichere, aber viel teurere Technologien setzen?
- Wie werden die Abnehmer reagieren, die preiswerte Energie benötigen?
- Wer akzeptiert freiwillig Strompreiserhöhungen, wenn Strom (oder Benzin) im Nachbarland billiger ist?

Kraftwerk	**Grobe Baukostenschätzung (typische Größen)**
Kohle- oder Gaskraftwerk	~1 Euro pro Watt (1 Milliarde Euro für 1 Gigawatt)
Kernkraftwerk	~2 Euro pro Watt (2 Milliarden Euro für 1 Gigawatt)
Thermosolarkraftwerk	~3 Euro pro Watt (300 Millionen Euro für 100 Megawatt, geplant)
Photovoltaik-Anlage	~5 – 6 Euro pro Watt (60 000 Euro für 10 Kilowatt, 100 m^2 Solarzellen)
Windkraftanlage	~1 Euro pro Watt (1 Million Euro für 1 Megawatt)

– Welche Kraftwerke werden die ärmeren Länder mit reichen Kohlevorkommen, wie China und Indien, bauen, um ihren schnell wachsenden Strombedarf (über 4 % pro Jahr!) zu decken?

Tatsächlich wird zur Zeit beispielsweise in China im Mittel an jedem zweiten Tag ein neues Kohlekraftwerk (Leistung etwa 500 MW) in Betrieb genommen. Deshalb kann ein **Pessimist** zu Recht lamentieren: „Die reichliche Verfügbarkeit fossiler Energie behindert die zügige Entwicklung von umweltschonenden Alternativen!"

Aber ein **intelligenter Optimist** urteilt und handelt ganz anders: „Nur weil wir bisher unsere „Fossilen" im Überfluss hatten, sind unsere Wälder noch nicht komplett abgeholzt. Unser Wissen und die Technologien haben viel Zeit benötigt, um sich zu entwickeln. Weil wir immer noch ausreichend Energievorräte haben, können wir heute die Entwicklung der Energiesysteme der Zukunft finanzieren, bevor eine zukünftige Energieverknappung und Energiepreiskrise unseren finanziellen Spielraum und unsere Möglichkeiten drastisch einschränken werden."

Also in diesem Sinne:

- **Wer auch in Zukunft genug Energie hat,** bleibt reich, denn Energie kann man immer sehr gut verkaufen. Die Beispiele der Öl- und Gasförderländer sind bekannt. Auch der Reichtum Norwegens beruht auf Öl, Gas und preiswertem Strom aus Wasserkraft.
- **Wer Energie hat,** kann selbst die Wüste zum fruchtbaren Acker machen. Oft fehlt es nur an Süßwasser, denn Salzwasser gibt es genug in den Meeren. Meerwasser kann man mit Energieeinsatz entsalzen. Das ist zwar teuer, wird aber zum Beispiel am Golf praktiziert. In Libyen dagegen wird mit viel Energie Wasser aus der Tiefe der Sahara bis zu den Küstenstädten gepumpt. Weil sauberes Süßwasser in vielen Regionen der Welt ein knappes und umstrittenes Gut ist, wird die Entsalzung und Reinigung von Wasser zu einer immer wichtigeren Aufgabe.
- **Wer Energie hat,** kann Städte in der Wüste bauen. Erst der billige Strom vom Hoover-Damm hat die rasante Entwicklung der Stadt Las Vegas ermöglicht. Die großen arabischen Metropolen der Golfregion leben von der chemischen Energie des Erdöls.
- **Wer „saubere" Energieträger hat,** kann seine Umwelt weitgehend schonen und ein gesundes Leben führen.

Die deutschen Stromerzeugungskosten

Die Preise, die Versorgungssicherheit und die bedarfsgerechte Verfügbarkeit von ausreichend Strom spielen eine Schlüsselrolle für jede Volkswirtschaft. Die Tabelle zeigt typische Werte, wobei die Kraftwerkskosten, Zinsen und Abnutzung, die Brennstoff- und Betriebskosten sowie die Kosten für die Vorhaltung einer Reservekapazität berücksichtigt sind. Die Kosten für Steuern, Ausgleichs- und Umweltabgaben sowie der aufwendige Netzbetrieb sind nicht enthalten.

Typische Stromerzeugungskosten in Deutschland (2007)

Energieträger	Kraftwerkstyp	Stromerzeugungskosten		Typische Kraftwerksgröße	
Erdgas	Gasturbinen + Dampf-Kombikraftwerk (GuD, S. 124)	4,2	Cent/kWh	1000	MW(el)
Steinkohle	Dampfkraftwerk	3,3	Cent/kWh	1020	MW(el)
Braunkohle	Dampfkraftwerk	2,9	Cent/kWh	1050	MW(el)
Kernenergie	Druckwasserreaktor	3,5	Cent/kWh	1600	MW(el)
Wasser	Laufwasser-Kraftwerk	10,2	Cent/kWh	3,1	MW(el)
Wind	Wind-KW onshore	9,6-14,4	Cent/kWh	2	MW(el)
Wind	Wind-KW offshore	10,4-15,2	Cent/kWh	5	MW(el)
Solar	PV-Anlage Freifläche	52	Cent/kWh	0,5	MW(el)
Solar	PV-Anlage Dach	61	Cent/kWh	0,002	MW(el)
Biomasse	Holzschnitzel-Kraftwerk	9,6	Cent/kWh	20	MW(el)

Quelle: Klimaschutz und wettbewerbsfähiger Energiestandort Deutschland, Zusammenstellung von Daten und Analysen für ein zukunftsfähiges Gesamtkonzept der Energieversorgung in Deutschland, A. Voß, S. Wissel, U. Fahl, St. Rath-Nagel, K. Kühn, Institut für Energiewirtschaft der Universität Stuttgart, August 2007

Im Mittel setzt sich die Stromerzeugung in Deutschland zur Zeit so zusammen:

Fossile Brennstoffe:	60%
Kernenergie:	29%
Biomasse, Wasser, Wind, Sonne:	11%

Obwohl die Erzeugung von Solarstrom in Deutschland wegen der sehr hohen Investitionskosten (S. 96) und der wenigen Sonnenstunden sehr teuer ist, sollte die Bedeutung der Photovoltaik nicht unterschätzt werden, denn überall dort, wo Netze fehlen (ländliche Regionen in China, Indien, …) oder der Strom sehr teuer mit Hilfe von Öl (Dieselaggregaten) erzeugt werden muss, kann PV eine preiswerte Alternative bieten. Insbesondere in äquatornahen Gebieten, etwa Hawaii oder Afrika, ist das bei den hohen Ölpreisen bereits jetzt der Fall.

Wie sieht die Zukunft der Energieversorgung aus?

Wir können heute noch nicht wissen, was wir in Zukunft wissen und können, und je kreativer und tüchtiger wir sind, desto wahrer wird dieser Satz!

Wenn man sich mit der gegenwärtigen Situation auseinander setzt, dann ist die Frage nach der Zukunft naheliegend – was wird kommen?

Die Klimadiskussion hat die Menschen inzwischen sensibler für Energiefragen gemacht, aber das bedeutet nicht, dass die Lösungen für preisgünstige und sichere Energiesysteme bereits in einem Lehrbuch nachzuschlagen sind.

Fast alle Techniken, die wir **heute** haben oder kennen, verursachen entweder Sorgen und Probleme oder aber sie sind einfach noch unbezahlbar. Dazu kannst Du Dir anhand der Bewertungskriterien auf S. 146 Dein persönliches Urteil bilden. Dennoch, wir tappen nicht völlig im Dunkeln. Einige Fakten sind ziemlich sicher:

- Die Zahl der Menschen wird weiter zunehmen, 9 bis 10 Milliarden sind eine realistische Schätzung für das Jahr 2050. Danach schwächt sich hoffentlich das Bevölkerungswachstum auch in den ärmeren Regionen ab, insbesondere wenn sich dort die Lebensbedingungen bessern. Die Weltbevölkerung benötigt deshalb ausreichend Nahrung und Energie (vgl. S. 31), und der Weltenergiebedarf wird noch viele Jahrzehnte lang deutlich weiter ansteigen. Die schnell zunehmende Motorisierung in Asien und der Dritten Welt wird zusätzlich zu einer deutlich verstärkten Nachfrage nach Ölprodukten führen.
- Selbst Optimisten glauben, dass der Beitrag der sogenannten „landwirtschaftlichen Energiepflanzen“ für Alkohol und Diesel verschwindend gering bleiben muss, weil sonst die Nahrungs- und Futtermittel zu knapp und teuer werden. Dagegen ist die energetische Verwertung von Resten, wie Klärgut, Gülle, Müll etc. sowie Holz und Pflanzen für Brennmaterial und Biogas immer sinnvoll.

In der CSP-Eurodish-Versuchsanlage werden Stirling-Motoren für kleine dezentrale 10 kW-Stromgeneratoren eingesetzt. (CSP: Concentrating Solar Power)

– Wegen der technischen Möglichkeiten und der bereits existierenden Anlagen wie Kohlegruben, Kraftwerke, Öl- und Gasfelder, Tanker, Pipelines und Infrastruktur wird der Energiehunger der Welt noch für mehrere Jahrzehnte überwiegend konventionell mit den „Fossilen“ gedeckt werden. Hoffentlich aber wird unsere Wirtschaft und damit unser Land so wohlhabend bleiben, dass viele einfallsreiche junge Menschen eingestellt werden auf Arbeitsplätze, die der Verbesserung der Effizienz im Umgang mit Energie und der Entwicklung neuer Energietechniken gewidmet sind. Zur Zeit beginnt sich in diesem Bereich bereits ein deutlicher Mangel an jungen Wissenschaftlern und Ingenieuren abzuzeichnen.
– Die „Fossilen“ können nur noch eine „Übergangslösung“ bieten, weil ihre Vorräte begrenzt sind und weil sie obendrein das Klima belasten (S. 68). Also müssen wir schon heute schonend mit diesen Reserven umgehen. Es gibt zahllose Möglichkeiten, Energie zu sparen – und viele sind nicht einmal mit einer Einbuße an Lebensqualität verbunden. Wer „zum Fenster hinaus heizt“, heißes Wasser in Massen vergeudet, sinnlos Motoren laufen lässt, sein Wohnhaus nicht isoliert oder unbenutzte Räume beheizt und beleuchtet, der ist doppelt dumm: Er schadet dem Geldbeutel und der Umwelt.
– Die Kernenergie wird international weiter eine wichtige Rolle bei der Stromerzeugung spielen, mit oder ohne deutsche Beteiligung. Aber die Vorbilder Schweiz und Frankreich, die den Strom CO_2-frei nur mit Kernkraftwerken und Wasserkraft erzeugen, kann man nicht auf die ganze Welt übertragen. Deshalb wird erst einmal weiter viel Kohle verfeuert – einschließlich der gefährlichen „Entsorgung“ riesiger Mengen von CO_2 direkt in die Atmosphäre.
– Den ganz genialen technischen Knüller, der alle Probleme löst, kann man heute noch nicht erkennen, aber …

ein Hauptaugenmerk zukünftiger Entwicklungen muss langfristig auf der einzigen wirklich unerschöpflichen und umweltfreundlichen Energiequelle liegen, die uns hier auf der Erde zur Verfügung steht: Die langzeit-stabile und sichere Kernfusion, und zwar im Inneren unserer Sonne!

Sonnenenergie, das ist

- **primär die direkte Strahlung von der Sonne und**
- **sekundär auch die Energie des Windes, des Wassers und der Biomasse.**

Wenn Du wissen willst, wie man aus einem 300 kg-Strohballen tatsächlich 50 Liter Dieselkraftstoff herstellen kann, dann musst Du S. 134 lesen.

Dein Check!

Energiesparen – immer goldrichtig!

1. Warum ist es im Winter günstiger, einen geheizten Raum kurzzeitig mit weit geöffnetem Fenster zu lüften als ständig ein Fenster etwas offen zu halten?
2. Warum ist es sinnvoll, beim Kochen einen Druckkochtopf zu verwenden?
3. Warum ist ein Kaminofen energiesparender als ein offener Kamin?
4. Was ist der Vorteil eines Brennwertkessels bei der Hausheizung?
5. Warum ist die Isolation des Dachstuhls auch bei solchen Häusern sinnvoll, bei denen das Dachgeschoß nicht bewohnt wird?
6. Eine kleine Rechnung: Es gibt in Deutschland fast 40 Millionen Privathaushalte (Übrigens eine erstaunlich hohe Zahl für 82 Millionen Einwohner). Wenn jeder Haushalt an stand-by-Funktionen für PC und Unterhaltungselektronik durchschnittlich 20 Watt sparen würde, auf welche Kraftwerksleistung könnte dann verzichtet werden:

   20 Watt · 40 · 10⁶ = ________ Megawatt = ________ Gigawatt?

7. Was kostet es, einen kleinen Swimming-Pool von 6 · 12 m² Fläche und 2 m Tiefe von 5 °C Leitungswassertemperatur auf 30 °C zu erwärmen? (Die spezifische Wärme c von Wasser beträgt 4,2 kJ/(Grad · Liter). Es wird eine Ölheizung eingesetzt mit einem Wirkungsgrad η = 92 %. Der Heizölpreis beträgt im Jahr 2007 ca. 0,65 Euro/Liter, dagegen im Jahr 1960 umgerechnet etwa 0,05 Euro/Liter)

   Wasservolumen $\mathbf{V_w}$ = ________ m³ = ________ Liter

   Wärmebedarf $\mathbf{Q = V_w \cdot c \cdot \eta \cdot dT}$ = ________ kJ

   Der Energieinhalt **H** von Heizöl beträgt 35 300 kJ/Liter (S.41, 47)

   Die benötigte Ölmenge $\mathbf{V_{öl}}$ beträgt: $\mathbf{V_{öl} = Q : H}$ = ________ Liter

   Ölkosten = **Literpreis** · $\mathbf{V_{öl}}$ = ________ Euro im Jahr 2007, aber nur ________ Euro im Jahr 1960. Zusätzlich ist das Heizen der Schwimmhalle und der ständige Ausgleich für die Wärmeverluste sehr energieintensiv. Deshalb gibt es inzwischen so viele trocken gelegte private Pools.

8. Ein Hallenbad hat eine Schwimmbahn von 50 · 20 m² und 3 m Tiefe. Welche Wasserheizkosten ergeben sich für die Betreiber (z. B. die Stadtwerke) bei entsprechenden Bedingungen im Jahr 2007?

   Schwimmbahnvolumen **S** = ________ m³.

   Volumenverhältnis $\mathbf{f = S : V_w}$ = ________

   Entsprechend steigen die Kosten um f an auf ________ Euro.

   Ein Hallenbad ist ein sehr energieintensiver Betrieb!

Wenn Du Deine Lösung kontrollieren willst, findest Du die Antworten auf S. 156.

Mai 2030:
Ein Besuch bei der HELIOS-RA AG

In dieser Geschichte geht es direkt in die Zukunft, ins Jahr 2030. Karin (geb. 2011) studiert Physik, Klaus (geb.1980) ist ihr Lieblingsonkel, der als Ingenieur bei einem internationalen Energieversorger in Nordafrika arbeitet. Er hat Energietechnik studiert und im Jahr 2007 seine Diplomprüfung geschafft.

Ein Blick in die nahe Zukunft – so könnte es sein. Dazu eine kleine Hilfe: Das Zeichen ? weist auf ein im Jahr 2007 ungelöstes technisches Problem hin, ✪ auf eine Wunschvorstellung. Dagegen steht das Zeichen ! für eine gut fundierte Prognose.

20. Mai 2030. Ein betagter Airbus A380 hat Karin von Frankfurt nach Kairo gebracht, wo sie ihren Onkel Klaus besuchen will. Klaus ist Ingenieur und arbeitet für die Helios-Ra AG, einen großen Energiekonzern, der vor allem in Nordafrika und Nahost aktiv ist. In der Ankunftshalle erkennt Karin ihren Onkel sofort und fällt ihm um den Hals. Der staunt: „Karin, was bist du für eine schicke Frau geworden. Ich habe dich fast nicht erkannt. Die Kollegen werden mich geradezu beneiden, wenn sie uns zusammen sehen. Wenn ich mich noch an deine Taufe erinnere, das war in dem heissen Sommer 2011. In diesem Sommer haben wir auch das Konzept für die Helios-Ra mit viel Champagner aus der Taufe gehoben – nicht zu fassen, wie schnell die Zeit vergeht... Wie läuft´s an der Uni?“ – „Gut, ich bin jetzt in Physik im zweiten Semester. Immer noch mein Lieblingsfach, daran hat sich nichts geändert!“ Klaus freut sich: „Schön, bei Ra gibt es übrigens immer Jobs für gute Physikerinnen, sogar Ferienjobs für Studenten. Bist du noch fit – wollen wir gleich zu Ra fahren oder musst du erst etwas

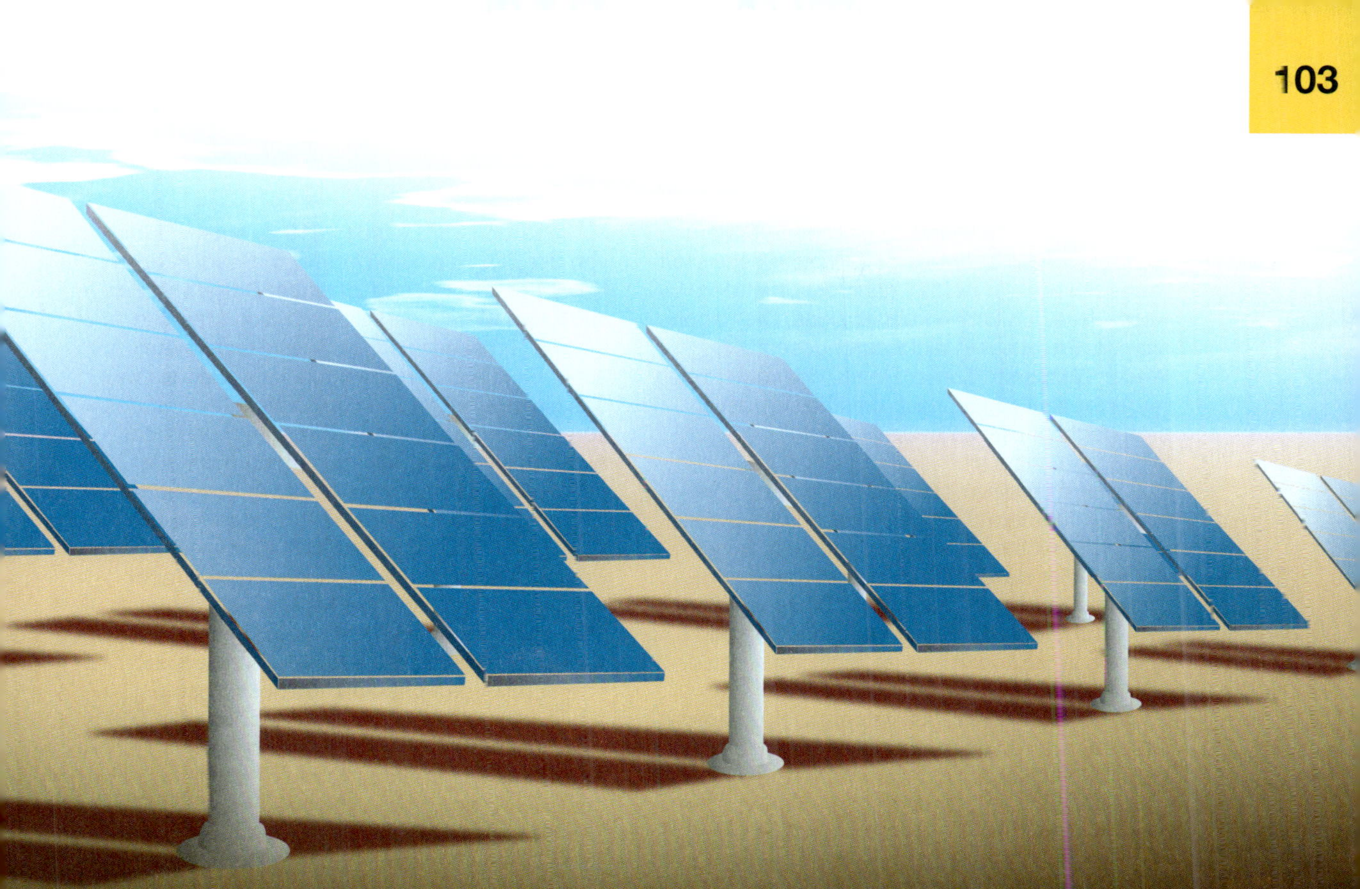

essen?“ Karin zögert keine Sekunde: „Ra ist OK. Ich habe keinen Hunger, aber ich bekomme bald Durst in dieser Hitze.“

Während sie sich durch das alltägliche unbeschreibliche Verkehrsgewühl einen Weg auf die Autobahn nach Süden bahnen, stöhnt Klaus: „Kairo hat 13 Millionen Einwohner. Aber das Privatauto hat nichts von seiner Attraktivität verloren. In allen Städten nur Gewühl und Autos – weltweit sollen es jetzt schon über 1,4 Milliarden sein.“ Karin lacht: „Genau wie zuhause. Unsere Autobahnen sind völlig verstopft mit LKWs. Deren Zahl hat sich in den letzten 20 Jahren wiederum verdoppelt, heißt es. Wie alt ist denn deine Kiste – immer noch gut in Schuss?“ „Über 12 Jahre und 500 000 km – keinerlei Probleme. Kein Verschleiß an den Zylinderwänden aus Keramik. Nicht einmal der Doppel-Turbolader musste bisher ersetzt werden. Zwei Liter Hubraum, 120 kW, unter 5 Liter Diesel auf 100 km. Zuverlässige, optimierte Technik. Ist immer noch den Elektro-Hybrids deutlich überlegen auf den langen Strecken, die ich fahre. Übrigens tanke ich seit einem Jahr den neuen SynDiesel von Ra. Du weißt, der kommt aus unserer Pilotanlage südlich Algier. Damit sind wir aber noch nicht am Markt, denn unser katalytischer Wasserstoff ist noch zu teuer. Aber wir bekommen auch diesen Produktionsprozess allmählich in den Griff. Besonders hilft uns da die Zusammenarbeit mit den neuen Hochtemperaturreaktoren in Südafrika. Naja, bei allen Treibstoffen und besonders beim Erdgas steigt die Nachfrage ständig, und der Preis steigt noch schneller. Die COGAZ, die internationale Kooperation der Gasexporteure, ist ein ziemlich hemdsärmeliges Kartell, mehr noch als die OPEC. COGAZ hat die Preise nach der Explosionsserie und dem Großbrand auf dem Methanhydrat-Feld bei Island drastisch angehoben. Wenn das so weiter geht, ist unser Synfuel demnächst konkurrenzfähig.“

Sie kommen an einer großen Tankstelle vorbei. Es herrscht Hochbetrieb. Super, Diesel und

Erdgas unter Druck sind zu bekommen. Klaus wendet sich an Karin: „Gibt es viele Wasserstoff-Autos bei euch in Köln?“ Karin schüttelt den Kopf: „Nee, ich kenne kein einziges. Die haben sich bei Privatleuten nicht durchgesetzt. Weder Wasserstoff unter Druck, der immer noch teurer ist als Erdgas, noch die Flüssigwasserstoff-Technik bei -253 °C.“

Klaus wirft ihr einen strafenden Blick zu: „Bei welcher Temperatur, Frau Physikerin?“, „Sorry, 20 Kelvin, wollte ich sagen. Jedenfalls zuviel Aufwand für Herstellung, Lagerung und Infrastruktur. Die Kosten haben das Wasserstoffauto gestoppt. Man spart zwar etwas CO_2 – aber solange immer noch so viel fossile Brennstoffe eingesetzt werden, ist der globale Effekt zu gering. Es gibt inzwischen allerdings viele Druck-Erdgas-Wagen. Erdgas ist „grün“, heißt es in Deutschland. Und es gibt es ja noch genug davon, sagt man.“ Klaus nickt vorsichtig: „Der große Run auf Erdgas lässt aber auch dessen Reserven schneller schrumpfen. Ich persönlich bin froh, dass ich bei Ra arbeiten kann – allerdings ein harter Job, meistens in unwirtlichen, schrecklich heißen Regionen. Da freue ich mich über deinen Besuch ganz besonders. Schön, dass du da bist.“

„Hast du viel Stress bei Ra?“, fragt Karin besorgt. Klaus weicht aus: „Mal so, mal so.“

„Helios-Ra ist bekanntlich eine sehr internationale Gesellschaft. Unser Stammkapital von 30 Milliarden Euro wurde 2013 zu einem Drittel von der EU, zu einem Drittel von Saudi-Arabien, Kuweit und Dubai und zu einem Drittel von den südlichen Mittelmeeranrainern, von Marokko bis zur Türkei gezeichnet. Alles Staatsknete, sorry, Geld aus den Steuersäckeln. Damals war das ein internationales Großprojekt, eingefädelt von der deutschen Bundeskanzlerin und dem Außenministerium. Allerdings hatten wir alle aus den Erfahrungen bei EADS-Airbus und bei den großen internationalen Projekten wie ITER, CERN oder ISS, also Space Station, gelernt: Die Regierungen durften sich nur einkaufen, aber nicht direkt einmischen. Das Management war immer unabhängig und handverlesen – alles Top-Ingenieure der besten Hochschulen und erfahrene Führungskräfte aus der Industrie.
Die Politik hat bei Ra niemals das Ruder in die Hand bekommen. Helios-Ra ist inzwischen ein blühendes Unternehmen, unser Stromgeschäft macht Gewinne, und wir können sogar in die Forschung investieren. Obwohl Ra per Satzung keine Dividenden zahlen darf, sondern alle Gewinne in neue Energieanlagen und Energieforschung stecken muss, sind unsere Aktien dennoch hochbegehrt. Viele neue Länder haben großes Interesse bekundet, weil Ra-Festpreis-Strom nur an die teilnehmenden Länder geliefert wird. Die alten Anteilseigner behalten ihre Aktienanteile lieber. Unser Werbeslogan 'Ra hat die Sonne fest im Griff‘ hat sich durchgesetzt. Vor allem überrascht mich immer wieder, dass sogar viele sonst zerstrittene Staaten reibungslos zusammen arbeiten, wenn es um Helios-Ra geht. Die Ra-Forschungslabors in Aachen, Kairo und Haifa genießen hohes Ansehen als die

bedeutendsten Know-how-Zentren für Solarenergietechnik. Der Zugang zu diesem Know-how ermöglicht den teilnehmenden Ländern auch eine bessere Energieplanung. Mittelfristig muss es wohl auf eine Kapitalerhöhung hinauslaufen, denn zahlreiche äquatornahe Länder bieten dem Ra-Konsortium inzwischen große Areale und Nutzungsrechte an."

Karin freut sich: „Alles Solarprojekte?" – „Das ist immer noch der Löwenanteil und unsere Haupteinnahmequelle. Helios und Ra, unter dem symbolischen Schutz der griechischen und ägyptischen Sonnengottheiten wollten Europa und Nordafrika zusammen arbeiten, um ein umfassendes Solar-Energienetz zu realisieren. Primär ging es um Solarkraftwerke, Stromnetze mit Hochspannungs-Gleichstrom und synthetischen Kraftstoff. Aber inzwischen ist Ra mit einem kleinen Team auch in der Wasserwirtschaft tätig – Wasser ist für die 8,2 Milliarden Menschen, laut Zählung der UNO in 2029, wie du weißt, also genug sauberes Wasser ist inzwischen fast so wichtig wie die Energieversorgung.
Es geht beim Wasser in vieler Hinsicht wieder nach den alten und bekannten Mustern – wie bei der Energie: Gewinnung, Transport, Bevorratung, effektive und sparsame Verwendung, Entsorgung oder Aufarbeitung von Abwasser, naja, dazu die Entsalzung von Meerwasser. Mit preiswerter Energie alles kein Problem." Karin lacht und unterbricht: „Jaja, schon mein alter Lehrer hat immer gesagt, dass Energie nicht vernichtet werden kann, sondern nur umgesetzt, und Wasser wird eigentlich auch nicht vernichtet, sondern ebenso nur gebraucht, vergeudet, verschmutzt oder chemisch umgesetzt …" Klaus ist skeptisch: „Nimm das bitte nicht allzu wörtlich, sondern nur als anschauliches Gleichnis. Hinten in der Kühlbox liegen übrigens Schinkenbrote und eine Wassermelone auf Eis, während du die isst, kannst du ja weiter über Energie und Wasser nachdenken."

Nach einer langen Fahrt über eine schnurgerade Asphaltstraße erreichen sie das Tor des großen Betriebsgeländes der „Helios-Ra GIZEH-Power Complex". An der Torkontrolle wird Karins Pass elektronisch eingelesen. Außerdem blickt sie kurz in eine Kamera, die das Muster ihrer Iris mit den Daten im Pass und in der international genutzten Sicherheitsdatei von Europol Paris vergleicht – alles OK. Der freundliche Posten öffnet das Tor, und der alte Diesel nimmt nahezu geräuschlos Fahrt auf. Karin sieht nur einige hohe Türme in größerer Entfernung, dazu ein paar fensterlose große Gebäude und zahlreiche Hochspannungsleitungen, die zu verschiedenen Zentren zusammenlaufen. Sie fahren nun schon fünf Minuten lang innerhalb des Zaunes: „Ihr habt ja ein hübsch großes Gelände eingezäunt, ich bin beeindruckt!" Klaus bleibt cool zurückhaltend: „Das GIZEH-Betriebsgelände umfasst nur 35 km^2 und ist damit kleiner als das Betriebsgelände eines deiner Braunkohlentagebaue zuhause bei Köln. Außerdem sind große Wüstengrundstücke äußerst preiswert. Ich erinnere mich, dass RWE Power für Hambach bei Jülich eine Abbaufläche von 85 km^2 eingeplant hatte. Wie geht es denn dort?" „Echt gut, die Kraftwerke arbeiten alle mit wesentlich besserem Wirkungsgrad, weil inzwischen viel höhere Kesseltemperaturen gefahren werden können, und die nächste Generation soll sogar mit reinem Sauerstoff und Keramikbrennkammern laufen. Das CO_2 wird demnächst in leere Erdgasfelder unter der Nordsee gepumpt. Ich weiß aber nicht genau, wann das so weit ist. Immerhin, Wirkungsgrade über 50% sind angepeilt. Meines Wissens sind die Werkstoffleute in Aachen und Jülich zur Zeit wieder in einer sehr kreativen

Phase. Keramische Schichtstrukturen, Stahl ist nicht mehr in!“ Klaus lacht über Karins Begeisterung: „Geben Sie bitte nicht so an, Frau Studentin! Ohne Stahl läuft gar nichts. Aber die Sache mit den Beschichtungen hat Hand und Fuß, das stimmt schon. Harte und korrosionsfeste Oberflächen auf hochwertigem Stahl, das macht Sinn. Wie lange soll der Tagebau Hambach noch laufen?“ Karin ist nicht ganz sicher: „Nach letzten Schätzungen wohl noch mindestens weitere 40 Jahre, bis 2070.“ „Und dann? Gibt es dann den großen See, gefüllt über Jahrzehnte mit Rheinhochwasser?“ „Zum Teil. Ein zweiter Teilbereich soll für einen großen unterirdischen 2-Gigawatt- HTR-Kraftwerkskomplex genutzt werden. Voll abgesichert gegen Anschläge aller Art. Die Diskussionen sind noch heiß, aber sie werden langsam wieder sachlicher. CO_2-Vermeidung und die Bedeutung einer langfristig gesicherten Energieversorgung haben sich im allgemeinen Bewusstsein verankert.“ Klaus ist skeptisch. Er hat die fanatischen Proteste gegen die Castor-Transporte noch zu gut in Erinnerung, und er weiß, wie schwer es den Menschen fällt, eine einmal gefasste Meinung zu revidieren.

Die Straße verläuft immer noch geradeaus längs des Zaunes, und Karin nimmt ihre Fragerei wieder auf. Ob Klaus immer noch so gut informiert ist? „Welche Zahlen hat Ra inzwischen als beste Schätzung für den Weltenergiebedarf 2050?“ Klaus will es einfach für Karin machen: „Kennst du in etwa die alte Verbrauchszahl für 2007?“ „Ja, etwa 2,2 kW pro Kopf. Damals also 2,2 kW mal 6,7 Milliarden Menschen, also 15 Einheiten, ich glaube es waren 15 Terawatt.“ „Stimmt, und wie ist die Zahl heute, im Jahr 2030, Frau Physikerin?“ „2,7 kW, also nur 20% mehr pro Kopf, und das nach 25 Jahren! Und das trotz aller Anstrengungen der Energiewirtschaft? Ich bin entsetzt!“ Klaus hält den Wagen an und dreht sich zu Karin um: „Vorsicht, Karin, bitte keine Schnellschüsse. 2,7 kW mal 8,3 Milliarden Menschen sind 22,4 Einheiten. Die Weltenergieproduktion ist damit in den 25 Jahren um 60 % gestiegen. Außerdem ist die Energieverwendung jedes Jahr um fast 1% effizienter, also sparsamer geworden. Das geht genauso in die Bilanz ein: immerhin 85% mehr energetische Produktivität weltweit. Es leben eben viel mehr Menschen auf der Welt!

Und weil du mich nach der Zukunft gefragt hast – die von Ra berechnete Primärenergieversorgungszahl für 2050 lautet 3,2 kW pro Kopf. Wir erwarten also weiterhin etwa dieselbe jährliche Zunahme. Ra rechnet übrigens mit 9 Milliarden Menschen für 2050 – es scheint, als schwäche sich der Zuwachs glücklicherweise etwas ab. Das macht dann 3,2 mal 9, also ca. 30 Einheiten. Ja, 30 TW ist meine Schätzzahl für 2050, genau das doppelte der Zahl für 2007. Damals, im Jahr 2007, hatte ich meine Diplomprüfung, und die ‚15 Terawatt weltweit‘ habe ich nie mehr vergessen.“

Das CSP-Versuchskraftwerk „Solar Two" in Kalifornien ist für 10 MW ausgelegt.

Karin schaut Klaus erschrocken an: „Aber die Verdopplung des Verbrauchs von 2007 bis 2050, das geht doch wohl voll auf das Konto der regenerativen Energien. Bei uns in Deutschland ist inzwischen alles mit grünen Etiketten bepflastert von der Milchtüte bis zum Autoreifen! Gab es damals, also 2007, auch schon das allgemeine Umweltbewusstsein, so wie heute?" Klaus nickt: „Sicher. Schau mich an – ein gestandener Kraftwerksingenieur, Diplom 2007. Immer mit Herz und Verstand auf der Seite der Solartechnik. Ich habe sozusagen tiefgrünes Blut in den Adern. Heute bauen wir ein solarthermisches Kraftwerk nach dem anderen. Aber der Lauf der Welt war nicht so schnell zu ändern, der Energiebedarf wuchs viel zu schnell. Viele Länder mit großen Bevölkerungszahlen haben immer noch einen hohen Nachholbedarf und nur die ‚Fossilen' konnten diese Nachfrage decken. Der Verkehr läuft offensichtlich noch überwiegend mit Benzin und Diesel, plus etwas Gas (!). Der Weltstrombedarf wächst obendrein noch weit schneller als der Energiebedarf, weil Strom einfach der universellste Energieträger und Alleskönner ist. Sogar in Westeuropa, wo der Gesamtenergiebedarf nicht weiter anwächst, selbst dort wächst der Strombedarf noch ständig (!). Weltweit wird deshalb leider immer noch zunehmend Kohle ‚verstromt'. Die Kernkraftwerke, die vielen Groß-Windparks und die Solarkraftwerke konnten die enormen Steigerungen im Weltbedarf, in manchen Regionen über 3 % pro Jahr, einfach nicht auffangen. Naja, wir bei Ra sind sicher, dass wir den Strom der Zukunft herstellen. Aber unterschätze bitte nicht die benötigten Gigawatt! Im Jahr 2007, das habe ich noch besonders gut im Gedächtnis, haben die ‚Erneuerbaren', also Bio, Wind, Wasser und Sonne etwa 8,5 % des Weltenergiebedarfs gedeckt. Heute, 2030 sind es etwas über 10 % – und das nur, weil in allen Industrieländern große Anstrengungen gemacht wurden, die unerschöpflichen ‚BWWS' zu fördern (!), denn wegen des stark steigenden Gesamtenergiebedarfs konnten die ebenfalls stark steigenden BWWS ihren Anteil nur gering erhöhen. Wenn wir 2050 mit BWWS die 20 % erreichen, übertreffen wir die meisten Vorhersa-

Das Solarturmkraftwerk PS10 bei Sanlucar la Mayor in Südspanien ist im Jahr 2007 ans Netz gegangen. Elektrische Leistung max. 11 MW. (DLR)

gen bei weitem. Aber du kennst ja meinen Lieblingsspruch: ‚Gefahr erkannt – Gefahr gebannt!‘ Mein alter Prof an der Uni hat immer gepredigt: ‚30 % BWWS-Primärenergie bis 2050‘, aber das war auch ein Superoptimist!“ Klaus wendet sich wieder der Straße zu und gibt Gas. Er atmet tief durch. „Besonders bei Strom haben wir uns wahnsinnig angestrengt, weil die Kohleverstromung wegen des CO_2 so besonders problematisch ist. Deshalb sind ja auch beim Strom die Prozentzahlen für BWWS deutlich höher, wir hatten 2007 bei der Stromproduktion einen Anteil von etwa 20 % BWWS, heute, in 2030, haben wir die BWWS-Strommenge tatsächlich mehr als verdoppelt, aber wir haben damit den Anteil nur auf schlappe 21 % erhöhen können. Tja, der Weltstromverbrauch hat sich in den 23 Jahren seit 2007 auch verdoppelt. Es ist unser erklärtes Ziel, dass wir bis 2050 auf 30–40% BWWS-Strom kommen, aber das hängt vor allem von China, Indien und vielen anderen großen ‚Nachhol-Regionen‘ ab. Kohle ist eben reichlich vorhanden und geht nach wie vor zum größten Teil direkt in die Kraftwerke oder in die Hochöfen für die Stahlproduktion.“

„Oh je“, Karin macht einen betrübten Eindruck, „Mann, Klaus, ich war ganz sicher, wir wären schon viel weiter!“ „Hey, meine hübsche Nichte, wir SIND viel weiter. Es werden keine Tropenwälder mehr abgebrannt, niemand muss mehr hungern, weil die landwirtschaftlichen Flächen weltweit besser gepflegt und auf Dauer

erhalten werden! Und inzwischen haben wir viele Techniken erprobt und im Griff, um mit der sicherlich irgendwann kommenden Ölverknappung und der befürchteten Energiepreiskrise fertig zu werden. Glaub mir, jedesmal wenn die Öl- und Gaspreise steigen, freue ich mich ein bisschen, denn die Sonne hat Preisstabilität für die nächsten Millionen Jahre fest zugesagt – und darauf kann ich mich verlassen.“ Karin lächelt. Typisch Onkel Klaus. Mit klarem Blick und Optimismus das Wesentliche in drei Sätzen. Das ist und bleibt ihr Lieblingsonkel und ein bisschen auch ihr Vorbild.

Klaus ist jetzt von der Peripheriestraße in Richtung Zentrum abgebogen. Sie fahren auf ein hohes fensterloses Maschinenhaus zu. Offensichtlich ein Kraftwerksblock, denn auch ein großer Kühlturm und Hochspannungsleitungen sind zu sehen. Klaus stellt den Wagen unter einem Schattendach ab. Draußen ist die Luft heiß wie im Backofen. „Komm, wir nehmen den Aufzug und schauen uns die Anlagen vom Aussichtspunkt auf dem Dach der Maschinenhalle aus an. Dann kann ich dir alles etwas leichter erklären.“ Bald sind sie oben angelangt. Ein überwältigender Anblick bietet sich Karin. Vor ihr erstreckt sich eine riesige Fläche von Spiegeln, so weit das Auge reicht, will ihr scheinen. In der flimmernden Luft kann sie tatsächlich den äußeren Umfang der Anlage nicht ausmachen. Minutenlang steht sie wie verzaubert und starrt auf das wundervolle Meer von Spiegeln. „Mein Gott, das ist ja völlig unglaublich. Wie, wenn man zum ersten Mal die Wolken von oben, aus einem Flugzeug sieht. Klaus, bitte, fang an. Erkläre alles der Reihe nach.“

„Karin, dies ist eines unserer Thermosolar-Großkraftwerke. An diesem Standort haben wir eine tägliche mittlere Energieeinstrahlung von bis zu 5 kWh/m^2. Im Jahr kommen wir auf knapp 2000 kWh/m^2. Deshalb ist es so warm hier, aber für ein Kraftwerk braucht man doch noch viel höhere Temperaturen. Die Sonne strahlt auch hier nur mit 1 kW/m^2, deshalb das Meer von Spiegeln. Sie reflektieren das Sonnenlicht und lenken es zu einem ‚Receiver‘ oben auf dem zentral aufragenden Kollektorturm. Jeder der Spiegel ist 12 m · 12 m groß und ein klein wenig gekrümmt.“ Karin ist sofort im Bild: „Wow, von hier oben sehen die so klein aus. 144 m^2 das Stück. Klar, sie fokussieren wie ein Brennglas und deshalb wird die Temperatur im Receiver auch höher.“ Klaus will sie testen: „Wie hoch wird die Temperatur maximal? Wenn man das physikalische Limit betrachtet?“ Das ist keine einfache Frage, aber Karin kriegt die Kurve: „Also, wenn sich der Receiver und die Strahlungsquelle im Gleichgewicht befinden, dann ist das Maximum erreicht. Dann könnte der Receiver ja im Extremfall so heiß wie die Sonnenoberfläche werden, stimmt das? Das wären ja 5500 °C, da verdampft ja jeder Werkstoff!“ „Stimmt, deshalb ist dieser Idealfall auch gleichzeitig der Katastrophenfall. Die Receiver werden mit einem Hochdruck-Heliumgaskreislauf gekühlt und können maximal 300 MW Wärmeleistung verkraften. Wieviele Spiegel sind demnach pro Turm notwendig?“ Karin ist nicht schlecht im Kopfrechnen: „300 MW, also 300 000 kW geteilt durch 144 kW ist ungefähr, äh, 2000. Kann das stimmen?“ Sie ist verunsichert, denn diese Riesenzahl von Riesenspiegeln kommt ihr „riesig zum Quadrat“ vor. Klaus stimmt zu: „Je Turm haben wir 2175 Spiegel, angeordnet in drei Quadranten, West, Nord und Ost mit je 725

Stück, mit dem Turm im Südfeld. So sind alle diese Anlagen aufgebaut. Die Spiegel sind alle aus beschichtetem Glasfaserverbundwerkstoff hergestellt. Die Technik kam aus dem Schiffbau und ist billig. Für noch größere Spiegel nimmt man lieber Kohlefaser, aus Gewichtsgründen, wie bei den modernen Flugzeugen. Die Spiegel werden computergesteuert der Bewegung der Sonne am Himmel nachgeführt. Bei Störungen der Wärmeabfuhr im Receiver kann ein automatischer ‚Emergency Shut-off' erfolgen. Dazu wird ein Elektromagnet in jeder Spiegelhalterung deaktiviert, und alle Spiegel kippen um 10 Winkelgrad nach oben. Dadurch kann der Lichtstrom blitzschnell unterbrochen werden, und der Receiver verdampft nicht. So einen Unfall hat es nämlich schon einmal gegeben, und der Receiver ist abgefackelt. Es hat noch mehr gequalmt als die Schiffe vor Syrakus, die der alte Archimedes mit Hohlspiegeln bekämpft hatte.
Die neuesten Receiver sind aus Keramik-Verbundwerkstoff und sind nach Art eines Facettenauges so gestaltet, dass ihre Außenseite relativ kühl bleibt. Schon bei 800°C wären sie nämlich rotglühend wie eine heiße Elektroherdplatte ohne Topf. Damit würden sie mächtig Wärme abstrahlen, aber wir wollen diese kostbare Wärme ja nutzen und nicht wieder verlieren.

Du siehst, jeder Turm steht auf einer Fläche von einem Quadratkilometer. Wir haben hier 30 Türme und demnach etwa 30 km² mit über 63 000 Großspiegeln überbaut. Da ist sehr viel Geld investiert worden, obwohl alle Komponenten so ‚kostengünstig' wie irgend möglich produziert wurden.

Der Clou dieser Anlage ist jetzt, dass 20 Türme ihre empfangene Wärme bei einer Temperatur von 1000°C mit Hilfe von Heliumgas mehreren riesigen unterirdischen Gewölben zuführen, die aus Sand und Stein bestehen und mit vulkanischem Tuff thermisch isoliert sind. Dort kann die Wärme vom Sand aufgenommen und gespeichert werden. Unsere Techniker nennen den glühend heißen Wärmespeicher zärtlich „Kachelöfchen" oder „Fegefeuer". Nur 10 Türme liefern ihr Heißgas direkt an das Wärmekraftwerk. Als Spitzenleistung kann hier 1 GW Strom produziert werden. Nach Sonnenuntergang steht mit der gespeicherten Wärme noch ausreichend Energie zur Verfügung – mit einer etwas reduzierten Leistung können wir damit die ganze Nacht überbrücken. Nachts werden übrigens auch unsere großen Kühlwasservorräte von der kühlen Nachtluft vorgekühlt. Was ich hier so einfach herunter bete, stellt übrigens eine gewaltige technische Anstrengung dar – ganz im Geiste der alten Pharaonen, deren Pyramiden aus der Ferne auf uns Sterbliche herabblicken!" Karin hat ganz glasige Augen bekommen und ist nahe einem Hitzschlag: 30 km² gelenkte Spiegel über einer heißen Hölle im Tiefgeschoß, und alles für nur für ein Gigawatt elektrischer Leistung.
Aber der Brennstoff ist wenigstens gratis.

Klaus und Karin verlassen den Aussichtspunkt. In einer kühlen Cafeteria gibt Klaus noch ein paar weitere Erläuterungen: Unser Strom wird

in ein Hochspannungsverbund-Netz eingespeist, das mit Hilfe von Gleichstrom Nordafrika und ganz Europa verknüpft. Gleichstrom hat bei weiten Entfernungen viel weniger Verluste und die moderne Elektronik hat kein Problem mehr mit der Anbindung von Gleichstrom an die Wechselstromnetze. Das neue transeuropäische Netz hat den großen Vorteil, dass regionale Schwankungen und Ungleichgewichte von Angebot und Nachfrage spürbar geglättet werden.

Unsere Thermosolar-Anlagen in Algerien arbeiten nach einem anderen Prinzip: Dort nutzen wir die Hochtemperaturwärme der Receiver für die thermokatalytische Spaltung von Wasser und erzeugen damit Wasserstoff. Der Wasserstoff wird mit Kohlenstoff in einem Fischer-Tropsch-Prozess zu Kohlenwasserstoffen synthetisiert und ist als Kraftstoff (Methanol oder Benzin) gut lager- und transportfähig. Diese Anlage läuft nur bei Tag und wird bei Nacht mit geringem Energieaufwand nur auf Temperatur gehalten. So brauchen wir keine Wärmespeicher mehr, das ist ein riesiger Vorteil. Wir speichern ja die Kraftstoffe. Den Kohlenstoff wollen wir in Zukunft aus CO_2 rückgewinnen. Eine Wiederverwertung von abgetrenntem CO_2, das uns die fossilen Kraftwerke mit Kusshand liefern, ist natürlich hoch erwünscht. Die Wasserspaltung und die CO_2-Reduktion benötigen zwar eine Menge Energie, aber auch diese Anlagen nutzen große spiegelbedeckte Flächen, um die notwendigen Reaktionen zu ermöglichen.“ Karin schaut Klaus total ungläubig an: „Aus Wasserstoffasche, nämlich Wasser, und Kohlenstoffasche, nämlich CO_2, willst du Benzin zaubern? Jetzt spinnst du wohl völlig!“ Klaus legt die Stirn in Falten: „Schau bitte das Zuckerstück neben deinem Teeglas an und erkläre mir, woraus die Rübe den Zucker synthetisiert hat!“ Karin steigt die Röte ins Gesicht: „Entschuldigung, Onkel Klaus! Das war wohl alles ein bisschen viel für mich heute. Und dazu diese Hitze vorhin auf dem Dach! Die Photosynthesereaktion ist mir natürlich ganz vertraut: H_2O +CO_2 +Sonnenlicht gibt Zucker, und ihr macht dasselbe wie die Pflanzen, nur im technischen Maßstab. Einfach genial!“

Klaus knurrt: „Genial schon – aber nicht einfach. Schluss für heute, wir fahren jetzt zurück nach Kairo und genießen den Abend.“

Dein Check!

Zwei Faktoren beeinflussen den Zustand unserer Erde ganz entscheidend:
1. Die Zunahme der Weltbevölkerung und
2. Die Zunahme des persönlichen Primärenergiebedarfs (PEB).

Die steigenden persönlichen Bedürfnisse und Ansprüche einer zusätzlich immer schneller wachsenden Menschheit verbrauchen die Schätze der Erde zusehends.

- Bitte veranschauliche Dir die Entwicklung der Weltbevölkerung, indem Du die Graphik mit den Werten aus der Tabelle ausfüllst:

Jahr	Weltbevölkerung	Beschreibung
0	160 Mio	Römerzeit
1000	360 Mio	Frühes Mittelalter
1850	1200 Mio	Industrialisierung und höhere CO_2-Emissionen beginnen
1900	1900 Mio	Fabriken, Eisenbahnen, Autos – die Ölzeit beginnt.
1950	2500 Mio	Deine Eltern und Großeltern können Dir genau berichten!
2000	6000 Mio	Auch Du gehörst jetzt dazu.
Anfang 2007	6600 Mio	1300 Mio müssen mit 1 $/Tag überleben.
Ende 2007	6700 Mio	Im Jahr 2007 verhungern 3 Millionen Kinder.
2030	8300 Mio	… von denen viele noch immer bitter arm sind.
2050	9500 Mio	… die sich alle mehr Wohlstand wünschen und dafür Energie benötigen. Nutzen die Reichen den Mais, Zucker und Raps für ihre Autos und Flugzeuge und lassen die Armen dafür hungern?

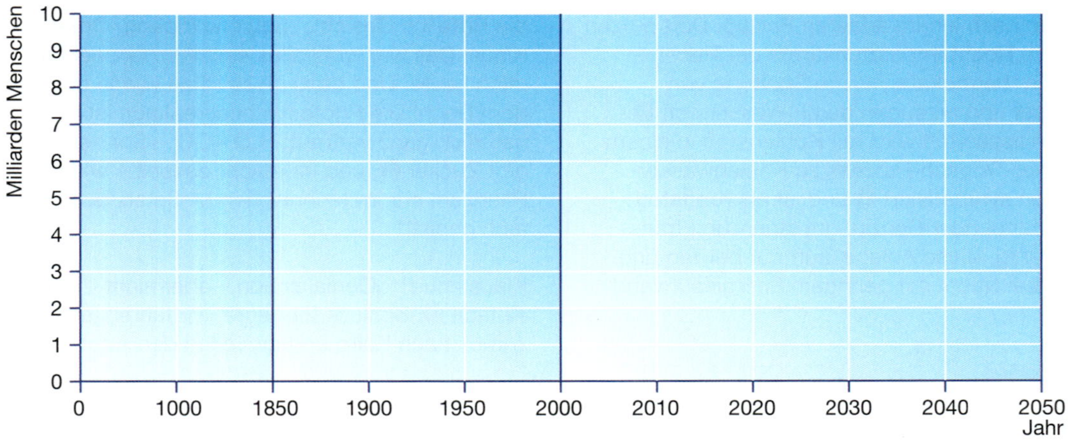

Die Zeitachse wechselt die Maßstäbe bei den Jahren 1850 und 2000. Beachte: Auf einer linearen Zeitskala sieht das immer schnellere Bevölkerungswachstum ab 1850 noch VIEL bedrohlicher aus. Das kannst Du Dir schnell veranschaulichen, wenn Du den Wert für 2050 über der Jahreszahl 2010 einträgst, denn dort wäre sein Platz auf einer linearen Skala von 1850 bis 2050.

- Wie alt bist Du im Jahr 2050? – Wie stellst Du Dir Dein Leben zu diesem Zeitpunkt vor?

Methan

Allgegenwärtig, beliebt, aber gefährlich

Methan ist ein vertrautes Gas aus dem Alltag. Es entsteht auf der Erde beim Abbau organischer Substanz, wenn kein Sauerstoff vorhanden ist. Das ist in „faulenden" Sedimenten der Fall. Methan ist deshalb ein wichtiger Teil der fossilen Schatzkammern, der Hauptbestandteil des Erdgases, aber es kommt auch zusammen mit Erdöl und Kohle vor. Als Grubengas im Kohlebergbau bildet es mit Luft ein explosionsfähiges Gemisch und führt so in jedem Jahr zu schweren Unglücken mit Hunderten von Todesopfern weltweit. Als Begleiter von Erdöl wurde es jahrzehntelang nahe der Fördertürme abgefackelt, weil man es noch nicht wirtschaftlich abtransportieren konnte. Inzwischen versucht man, es möglichst direkt in die Gasnetze einzuspeisen oder aber zu verflüssigen. Auf diese Weise kann es bei –162 °C (111 K) in Tankschiffen auch über globale Entfernungen transportiert werden.

Methan

Formel:	**CH_4**
Dichte:	**0,67 kg/m³ (leichter als Luft)**
Eigenschaft:	**gasförmig, geruchlos, ungiftig, brennbar, als Luftgemisch explosionsfähig (Sumpfgas, Grubengas)**
Energieinhalt:	**35,9 MJ/m³ = ~10 kWh/m³**
Siedepunkt:	**111 K (Kelvin) = –162 °C**
Vorkommen:	**häufig, auch Hauptbestandteil des Erdgases**
als Spurengas:	**1,8 ppm CH_4 in der Atmosphäre (ppm: parts per million, also 10^{-6})**
Treibhauswirksamheit:	**hoch, 25fach stärker als CO_2**

Als Energieträger ist Methan sehr beliebt, weil es bei der Verbrennung die günstigste CO_2-Bilanz aller fossilen Brennstoffe aufweist (S. 46). Allerdings fürchten Klimaforscher freies Methan in der Atmosphäre, weil es wegen seiner molekularen Struktur und den dabei möglichen atomaren Schwingungen und Bewegungen sehr effektiv Wärmestrahlung absorbiert und deshalb den Treibhauseffekt noch 25 mal wirksamer verstärkt als ein CO_2-Molekül. Allerdings tritt Methan **bisher** nur als Spurengas mit einer Konzentration von 1,8 ppm (1,8 · 10^{-6}) in der Luft auf. Seine Treibhauswirksamkeit entspricht demnach der von 45 ppm CO_2.

Erstaunlicherweise produzieren nicht nur die Faultürme der Kläranlagen, sondern auch die komplizierten Verdauungsvorgänge im Magen (Pansen) von Tieren, besonders Rindern, sehr viel Methan: bis zu 200 Liter Gas pro Tag und Rind.

Schade, dass man dieses Gas nicht direkt einfangen kann, denn überschlägig kommt weltweit ein Rindvieh auf je 10 Menschen – allein die Rinder erzeugen über 100 Millionen m³ Methangas pro Tag, die ungenutzt in die Atmospäre entfleuchen – das entspricht übrigens einem Drittel des deutschen Erdgasbedarfs von 270 Millionen m³ pro Tag ... Andererseits wird offensichtlich, dass man durch die anaerobe (sauerstoff-freie) Vergärung von Mist, Gülle (Jauche) und organischen Abfällen besonders in Bereichen mit intensiver Tierhaltung wertvolles Bio-Brenngas erzeugen kann. Als Summengleichung

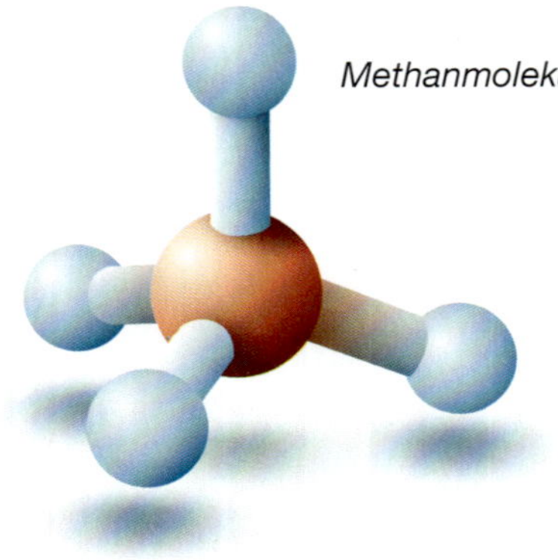

Methanmolekül

eines vielstufigen Prozesses ergibt sich eine höchst erstaunliche Reaktion, die für Zellulose, zusammengesetzt aus vielen Glukosemolekülen, wie auch direkt für Glukose eine einfache Form annimmt.

Vergärung (über Zwischenschritte):

$C_6H_{12}O_6$ (Glukose) ⇨ … ⇨ 3 CH_4 + 3 CO_2

Man erkennt, dass rohes, ungereinigtes Biogas aus 50% CH_4 und 50% CO_2 besteht und deshalb den halben Heizwert von Erdgas hat. Das hat seine natürliche Ursache darin, dass Glukose relativ viel Sauerstoff enthält und deshalb auch nur den halben Brennwert im Vergleich zu den sauerstoff-freien Kohlenwasserstoffen hat (vgl. S. 41). In unverbrannter Form ist Biogas ein schlimmeres Treibhausgas als CO_2. Deshalb ist die Bioabfallverbrennung wesentlich umweltfreundlicher als ein gärendes Verrotten.

Eine Biogasanlage für Mist, Gülle und Abfälle ist nicht nur für Betriebe in Entwicklungsländern ohne Erdgasnetz, sondern auch bei uns eine sinnvolle Investition. Sie dient sowohl der Energieeinsparung als auch dem Klimaschutz. Zum Thema Biogas findet Ihr sehr viele Informationen im Internet. Wer allerdings vorschlägt, Lebens- oder Futtermittel direkt zu Biogas zu vergären, der ist über das Ziel hinaus geschossen. Aus übergeordneter Perspektive gilt hier dasselbe wie bei der Biospritproduktion: Bei der rein energetischen Nutzung wertvoller landwirtschaftlicher Produkte darf es sich nur um die Verwendung möglicher Überschüsse handeln, nicht aber um einen Wettbewerb mit dem Ernährungssektor.

Dein Check!

Bitte stelle Dir die Reaktionsgleichungen („Bruttogleichungen" ohne Zwischenschritte) für diese wichtigen Prozesse noch einmal zusammen: 1. Photosynthese (S. 39), 2. Glukoseverbrennung (S. 47), 3. Methanverbrennung (S. 46), 4. Biogasbildung (S. 114), 5. Knallgasreaktion (S. 128), 6. Brennstoffzelle (S. 130), 7. Dieselverbrennung (S. 47)

________________ ⇨ ________________

________________ ⇨ ________________

________________ ⇨ ________________

________________ ⇨ ________________

________________ ⇨ ________________

________________ ⇨ ________________

________________ ⇨ ________________

$CH_4 + nH_2O$

Methanhydrat
Ein Brennstoff auch für Thriller und Spekulationen

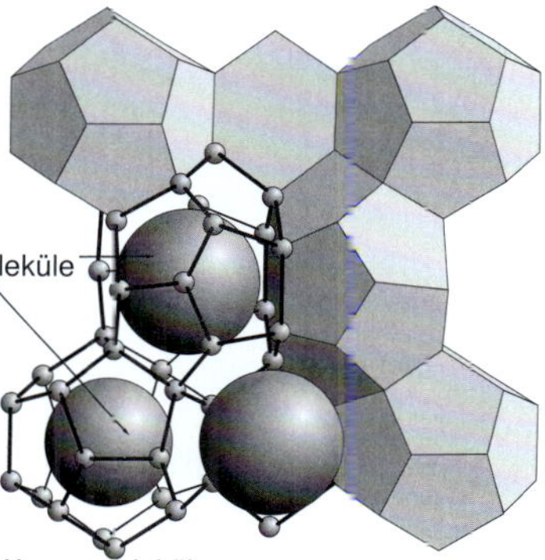

Zum „Aufwärmen“ gehen wir vorab einige wichtige Fakten durch:

- Organische Materie verfault unter Luftmangel. Dabei bildet sich unter anderem Methan. So ist seit Jahrmillionen das fossile Erdgas entstanden.
- Wasser, H_2O, gefriert bei 0 °C. Auch wenn man kaltes Wasser (0 °C) unter hohen Druck setzt, bleibt es flüssig. Deshalb bleiben die Ozeane bis in alle Tiefen flüssig. Das ist eine physikalische Anomalie, weil Eis eine geringere Dichte als Wasser hat: Eisberge schwimmen.
- Methan ist eine unpolare chemische Verbindung, also hydrophob. Methan löst sich deshalb nicht gut in Wasser.

Jetzt kommt die erste Überraschung:
Wenn man Methan und Wasser gemeinsam unter Druck ($p > 20$ bar) setzt und auf wenige Grad über Null oder tiefer abkühlt, legen sich 6 – 8 Wassermoleküle in Käfigform um je ein Methanmolekül und schließen es ein. Viele dieser Methan-gefüllten Wasserkäfige wachsen dann zu einem geordneten stabilen Kristall zusammen. Die wohlgeordnete Struktur dieser Käfige zeigt die Abbildung. Das Methan hat das Wasser veranlasst, zu einem speziellen Eis zu erstarren. Das in Wasser unlösliche Methan ist unter diesen Bedingungen im Eis eingefangen und fest gebunden.

„Der Schwarm“

Frank Schätzing hat aus diesem Stoff einen dicken, gruseligen Science-Fiction-Roman gemacht, den viele von Euch kennen werden: Der Schwarm. Das Buch ist natürlich schwierig, weil man Wahrheit und Fiction nicht leicht auseinander halten kann. Aber seine exzellenten Textpassagen zum Methanhydrat sind sehr interessant und lehrreich.

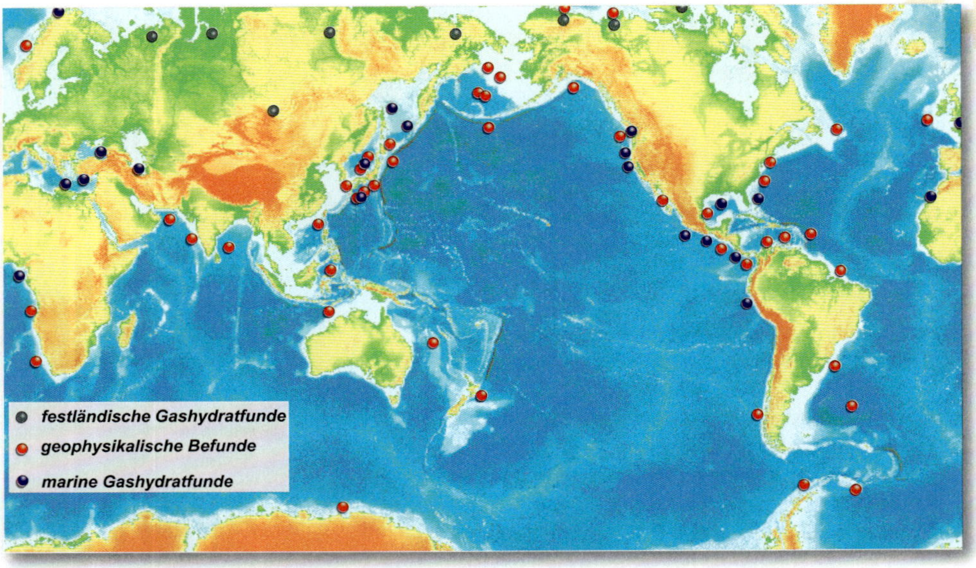

Gashydrat-Vorkommen (G. Bohrmann)

Dies könnte nun eine wundervolle Kuriosität aus einem Labor für physikalische Chemie bleiben – interessant, überraschend, aber total praxisfern. Stimmt aber nicht. Es zeigte sich, dass diese kuriosen Kristalle in Erdgasleitungen unter hohem Druck und bei kühlen Temperaturen zusammen mit Feuchtigkeit zu soliden Verstopfungen führen. Wird der Druck abgelassen, schmelzen die Kristalle und das Methan verflüchtigt sich.

Seit über zwanzig Jahren ist nun klar, dass im Bereich des Festlandsockels (Schelfbereich) der Meere (und im Dauerfrostboden der Tundra) sehr günstige Bedingungen herrschen, um Methanhydrat zu bilden:

- Plankton und anderes organisches Material stirbt ab und sinkt zu Boden.
- Ab 190 m Wassertiefe herrscht ein Druck über 20 bar (1 bar Atmosphärendruck + 19 bar Wasserdruck)
- im Meeresschlamm treten Faulprozesse auf
- Die Temperatur des Wassers ist in dieser Tiefe ausreichend niedrig

Deshalb können sich Methanhydratkristalle im Sediment bilden und bleiben dort sehr stabil. Wenn aber ein Greifer (Bagger) diese nach oben holen will, dann zerfallen sie sehr schnell: Es bilden sich Methangasblasen. Auch andere eingeschlossene Faulgase werden aus den Wasserkäfigkristallen freigesetzt, vor allem stinkendes H_2S, das „Faule-Eier-Gas".

Für Untersuchungen muss man die Hydratkristalle deshalb unter Druck und Kälte halten – am besten in flüssigem Stickstoff bei T = 77 K (-196 °C). Das Ganze könnte dann immer noch eine meeresgeologische Kuriosität bleiben.

Allerdings: Die Meere und die Festlandssockel gibt es ja schon seit vielen Millionen von Jahren. Deshalb könnte da selbst bei einer kleinen Sedimentbildungsrate von einem Millimeter pro Jahr inzwischen eine kilometerdicke Schicht Methanhydrat zusammen gekommen sein.

Andererseits: Wenn man sich Richtung Erdinneres bewegt, dann steigt die Temperatur. Der typische Anstieg beträgt 3 Grad pro 100 m Tiefe. Deshalb wird es in tiefen Bergwerken sehr heiß – und eine ähnliche Situation ergibt sich auch in den festen Sedimenten unter Wasser. Als Konsequenz können nur wenige hundert Meter festes Methanhydratsediment überhaupt stabil bleiben, denn bei größerer Sedimenttiefe zerfallen die „Wasserkäfigkristalle“ wieder wegen der zunehmenden Temperatur durch die von unten aufsteigende Erdwärme.

Wenn sich nun am Meeresgrund, der ja die Oberkante des Sediments ist, im Lauf der Zeit immer neue Schichten absetzen, dann steigt wegen des Erdwärmestroms aus der Tiefe die Temperatur in den tiefer liegenden, älteren Schichten. Deshalb muss das Eis in den tieferen, erwärmten Sedimenten aufschmelzen und das Methan wieder frei geben. Dadurch wird die Dicke des hydratdurchsetzten Sediments auf wenige hundert Meter begrenzt. Die tiefliegende Grenzschicht zwischen festem Hydrat und freigesetzem Gas kann man sogar meistens deutlich mit Sonar-Echo-Methoden erkennen.

Jetzt kommt die riesengroße Überraschung: Wenn man die weltweit vorhandene Menge des Methanhydrats abschätzt, dann ist diese Zahl total überwältigend: In summa ergeben sich über 10^{16} m^3 Methangas (unter Standardbedingungen, also bei 1 bar und 30°C). Diese Menge an Methan entspricht einem Energiewert von 10^{17} kWh – und dieser Brennwert ist zehnmal größer als die Summe der gesamten gesicherten Reserven an Kohle, Öl und „üblichem“ Erdgas plus allen bisher verbrauchten Mengen an diesen Energieträgern (S. 68).

Ein gigantischer Energievorrat – aber auch gigantisch problematisch und gefährlich!

Prof. Dr. G. Bohrmann präsentiert Brocken von Gashydraten (www.rcom.marum.de)

Die Methanhydrat-Problemlage:

Problem 1: Das Hydrat liegt als unreines Feststoff-Gemenge unter Wasser in 200 – 1500 m Tiefe und wird möglicherweise unkontrolliert zu Gas, wenn es abgebaggert und dabei angehoben wird. Noch gibt es kein Förderkonzept.

Problem 2: Eine „beschädigte“ Lagerstätte kann durch Wärme oder Druckverlust den Stabilitätsbereich der Hydratkristalle (stabil bei hohem Druck und tiefer Temperatur) verlassen und könnte explosionsartig sehr große Gasmengen

Methanhydrat (G. Bohrmann)

freisetzen („Blow-out"). Das Gas ist natürlich extrem feuergefährlich. Außerdem hat ein großräumiges Gemisch von Wasser und gewaltigen Gasblasen eine stark verminderte Dichte: Ein Schiff könnte in dem „kochenden Sprudelwasser" an Auftrieb verlieren, labil werden und sinken ... Das hat zwar noch niemand beobachtet, es ist aber nicht unvorstellbar und bietet weiten Raum für Spekulationen, etwa über das Verschwinden von Schiffen im „Bermuda-Dreieck".

Problem 3: Die festen Methanhydrat-Kristalle wirken im Sediment ganz genau wie die bekannten Zement(-kristalle) in Sand und Kies: Sie bilden ein anhaftendes und stabiles Kristallnetzwerk, das losen Kies zu festem Beton verbindet. Im günstigsten Fall bewirkt der (hypothetische) Unterwasser-Abbau von Hydrat aus dem Festlandssockel nur ein Abrutschen von geringen gelösten Sedimentmassen in den tiefen Ozean – im übelsten Fall könnte es gewaltige Abrutschungen mit hohen Tsunami-Wellen plus Gasfreisetzungen geben. Dann hätten wir eine Situation ähnlich einem Vulkanausbruch unter Wasser.

Struktur von Methanhydrat-Schichtungen

„Brennendes Eis“
(G. Bohrmann)

Auch das ist realistisch, denn wenn sich Hydrate auf einem Unterwasser-Abhang bilden und wachsen, dann sind sie zuerst wie Zement und bilden eine sehr feste Ablagerung. Wird aber nach Hunderttausenden von Jahren eine kritische Schichtdicke von einigen hundert Metern überschritten, dann zersetzt sich zuerst die älteste, am tiefsten liegende Schicht und verliert dabei ihre Festigkeit. Ein Unterwasser-Erdrutsch ist die Folge.
Im Meer westlich Norwegen hat es vor ca. 9000 Jahren nachweisbar eine mächtige Abrutschung gegeben, den Storegga-Erdrutsch. Dabei sind unglaubliche Sedimentmassen von über 5000 km³ Volumen in Bewegung geraten und in größere Meerestiefen abgeglitten. Die dabei ausgelösten Tsunamis haben die Küsten mit Wellen von über 12 m Höhe verwüstet. Der Vorgang selbst und die genannten Zahlen sind geologisch gesichert – als plausible Ursache wird tatsächlich eine Hydrat-Instabilität vermutet.

Problem 4: Auch große Lagerstätten in polaren Landregionen mit einer Dauerfrosttiefe größer 100 m werden vermutet, sind aber ebenfalls nicht zu erschließen. Eine unbekannte, völlig neue Art von „Bergbautechnik“ müsste entwickelt werden, die mit dem instabilen, brennbaren „Methan+Eis“ sicher umgehen könnte...

Problem 5: Die Methanhydrat-Lager stellen ein massives Potenzial an Treibhausgasen dar – unverbrannt sogar noch mehr als verbrannt. Das macht jede unkontrollierte Freisetzung Besorgnis erregend. Einige Erklärungsansätze für besonders schnelle Klimaerwärmungen in der Vorgeschichte gehen von gewaltigen Hydratfreisetzungen aus, vielleicht veranlasst durch geologische Vorgänge oder durch eine selbstverstärkende Erwärmung der methanhydrathaltigen polaren Tundra.

Aus diesen fünf Gründen halten sich alle verantwortungsbewussten Geologen bisher sehr zurück, wenn es um realistische Prognosen zu den tatsächlich gewinnbaren Energiereserven aus Methanhydrat geht, obwohl die Zahlen auf den ersten Blick so verführerisch erscheinen.

Energie

technik

Interessant und zukunftssicher

Energietechnik – interessant und zukunftssicher

26.8.2007: Klaus feiert sein bestandenes Diplom in Energietechnik. Er ist allerbester Laune, denn nach der anstrengenden Prüfungsvorbereitung freut er sich nun auf eine Reihe von Bewerbungsgesprächen bei Firmen aus den Bereichen Maschinenbau, Elektrizität, Windenergie, Photovoltaik und Sonnenwärme. Er weiß, dass er sehr gute Aussichten auf eine Anstellung in einem interessanten Beruf hat. Die große Party steigt in zwei Stunden. Tanja hat tatkräftig bei den Vorbereitungen geholfen. Nun herrscht die Ruhe vor dem Sturm. Tanja ergreift die Gelegenheit, Klaus mit ein paar provozierenden Fragen aus der Reserve zu locken: „Klaus, ihr Energiefachleute seid doch eigentlich ziemlich große Energievergeuder! Aus drei Energieeinheiten Primärenergie holt ihr nur eine Einheit Nutzenergie! Pfui – ob Kohlekraftwerk oder Dieselmotor – überall sehe ich Wirkungsgrade im Bereich von nur 30–40 %. Das überzeugt mich nicht! Damit gehen schließlich 70–60 % der eingesetzten Energie verloren!"

Klaus, der frisch gebackene Ingenieur, ist in seiner Ehre getroffen: „Willst du das etwa wirklich

Speicherkraftwerke

Beim **Pumpspeicherkraftwerk** wird **Wasser** zu einem Speichersee hoch gepumpt. Es kann bei Bedarf zu Tal fließen und eine Wasserkraftturbine zur Stromerzeugung antreiben.

Anlagenwirkungsgrad:	ca. 80% (sehr gut!)
realisiert in der BRD:	31 Anlagen

Beispiel Goldisthal (Thüringen):

Elektrische Leistung:	1 GW
Obersee:	13,5 Mio m^3 Wasser
Höhendifferenz:	350 m
Hubarbeit ($m \cdot g \cdot h$)	$= 1{,}35 \cdot 10^{10} \cdot 9{,}81 \cdot 350$ Nm (S. 43)
	$= 4{,}6 \cdot 10^{13}$ Ws (= Nm)
	= 12,9 GWh

Damit stehen bei einem Turbinenwirkungsgrad von 90% maximal 11,5 GWh an elektrischer Energie zur Verfügung.

Viele Informationen über Wasserkraftwerke findet man in Referenz 14.

Pumpspeicherkraftwerk

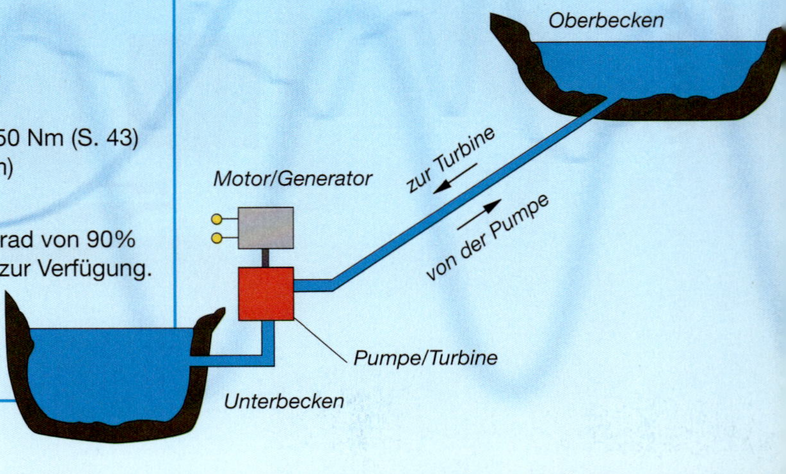

wissen oder willst du mich nur foppen?“ „Nein, ganz ehrlich, klär’ mich bitte auf. du bist doch fit – so kurz nach deiner Prüfung!“ Klaus setzt sein Glas ab: „OK, aber du wirst dich wundern, denn meine Antwort kommt vielleicht aus einer ganz anderen Richtung als du denkst. Reden wir über die Stromerzeugung. Bei den Arbeitstakten der Wärmekraftmaschinen (S. 63) möchte man eine hohe Starttemperatur und eine niedrige Endtemperatur. Das Problem dabei sind die ...?“ Tanja macht eine krause Stirn: „Die zu niedrigen Verbrennungstemperaturen?“ „Falsch, ganz falsch! Die Verbrennung von Kohle, Benzin oder Gas ist so heiß, dass man damit Eisen aufschmelzen kann. Man erreicht leicht über 2000 °C! Das Problem liegt deshalb im Material, am Werkstoff von Motor oder Dampfkessel. Schmelzöfen kann man aus Stein, also Keramik, bauen, denn Stein bleibt noch fest, wenn Metalle schon schmelzen. Ein Kohlekraftwerk arbeitet mit Dampf von 600 °C und 290 bar Druck, und für Kessel und Rohre wird Stahl verwendet. Für höhere Temperaturen gibt es keine wirtschaftlich einsetzbaren Werkstoffe mehr. Weiter fortgeschritten ist da eine Kombination von Gasturbine plus Dampfkraftwerk. Weißt du denn wenigstens, wie eine Turbine funktioniert?“ „Naja, vorne kommt Luft rein, drinnen wird sie heiß und hinten kommt sie wieder raus und schiebt den Jumbojet bis nach Amerika.“ Klaus holt tief Luft und feuchtet sich die Kehle an: „OK, nur zur Erinnerung: Beim Dieselmotor wird Luft angesaugt und verdichtet (S. 63). Dann wird die Luft durch die Verbrennung des eingespritzten Kraftstoffs erhitzt. Der Druck steigt an, und das heiße Gas verrichtet die mechanische Arbeit am Kolben. Das alles findet in demselben Zylinder statt, wobei der Kolben hin und her geht und mit zwei Umdrehungen der Kurbelwelle, also den vier Takten, einen vollen Zyklus durchläuft.

In seiner Diplomprüfung musste Klaus dieses Beispiel vorrechnen:

Bei einem dem Kraftwerk Goldisthal entsprechenden Meereswasserspeicher mit 20 m hohen Deichen und einem Arbeitspegel von +10 m bis +20 m, damit einer mittleren Hubhöhe von 15 m, muss eine Wassermenge von 315 Mio m³ eingesetzt werden. Das Speichervolumen ist demnach 10 m · 31,5 Mio m² – die benötigte Wasserfläche von 31,5 km² ist also erschreckend groß. Pumpspeicher akzeptabler Größe wird man deshalb nur in einer Umgebung mit Höhendifferenzen von möglichst über 100 m realisieren können.

Pumpspeicherkraftwerk Goldisthal

Druckluftspeicher
Die effektive Speicherung von Energie mit Hilfe von **Druckgas** in unterirdischen Kavernen (großen Hohlräumen) ist problematisch, weil sich das Gas beim Komprimieren stark erhitzt. (Zur Erinnerung: im Dieselmotor führt die Kompression der Luft auf 25 bar zu Temperaturen von 900 °C.) Diese Wärme geht im Druckluftspeicher zum großen Teil verloren. Je nach Druck und Temperatur des Gases betragen die energetischen Verluste allein durch die Abkühlung des Speichergases zwischen 30 und 50%. In Deutschland ist ein Druckluftspeicher in der Nähe von Oldenburg realisiert. Eine neuartige Speichertechnik mit Wärmespeicherung („AA-CAES“) wird zur Zeit geplant.

Druckluftspeicher Huntorf:
0,27 Mio m³ Luft bei 50 – 70 bar

Gespeicherte Energie:
0,58 GWh

Bei einer Turbine werden diese Vorgänge auf räumlich nacheinander angeordnete Bereiche aufgeteilt. Zuerst saugt ein Kompressor-Gebläse kontinuierlich Luft an, verdichtet sie und drückt sie in die nachfolgende Brennkammer. Dort wird Kraftstoff eingespritzt. Der entzündet sich und erhöht die Temperatur mächtig. Das heiße Gas hat eine sehr hohe Ausströmgeschwindigkeit, also einen hohen Impuls ($m \cdot v$), und dieser Impuls oder „Schub" stößt das Triebwerk vorwärts. Dabei wird die Arbeit geleistet. In soweit ähnelt meine sehr einfache Beschreibung erst einmal fast einem Raketenmotor. Allerdings werden dort Sauerstoff und Wasserstoff aus Tanks eingesetzt

GuD - Kombiniertes Gasturbinen- und Dampfkraftwerk

Klaus hat Tanja erklärt (S. 123), dass ein Dampfkraftwerk aus Gründen der Festigkeit des Stahls auf eine Dampftemperatur von 600 °C begrenzt ist. Dagegen ist die Arbeitstemperatur einer Gasturbine wesentlich höher, so dass die Energie des Brennstoffs, im allgemeinen Erdgas, effektiver umgesetzt wird. Die gezeigte Gasturbine verdichtet die angesaugte Luft mit 15 Kompressorschaufelkränzen um den Faktor 18. Die für die Turbinenschaufeln zulässige Heißgastemperatur beträgt 1230 °C und wird durch Überschussluft und Wassereinspritzung in die Brennkammer eingestellt. Es wird eine elektrische Leistung von 262 MW erreicht. Das Abgas der Turbine ist noch so heiß, dass es zur Erzeugung von Dampf von 550 °C genutzt werden kann. Dieser GuD- oder Kombiprozess erreicht einen Gesamtwirkungsgrad von etwa 58%. Das ist zur Zeit der beste Wirkungsgrad eines Wärmekraftwerkes. Die besten Steinkohlekraftwerke erreichen einen Stromerzeugungswirkungsgrad von max. 47%.

Turbinen sind in vieler Hinsicht sehr bemerkenswert: Flugzeugturbinen haben Drehzahlen von über 10 000 Umdrehungen in der Minute und leisten pro 100 kg Eigengewicht rund 1000 kW (1360 PS). Das Leistungsgewicht ist damit rund zehnmal günstiger als bei einem Kolbenmotor.

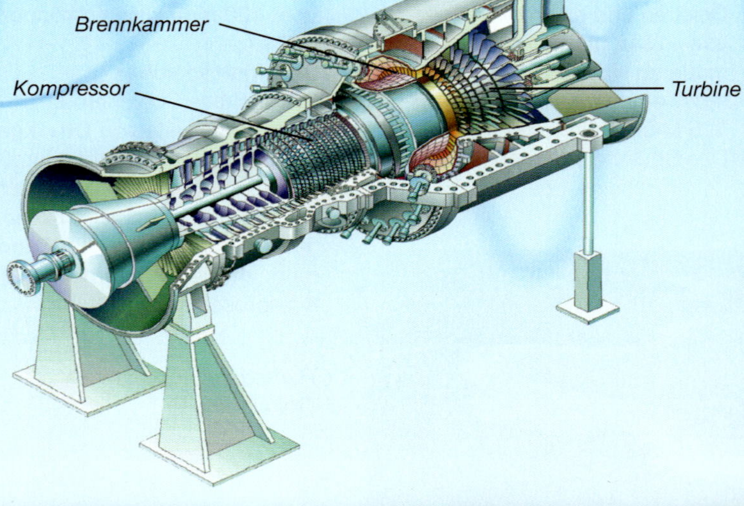

Siemens-Gasturbine zur Stromerzeugung. Heißgastemperatur 1230 °C, elektrische Leistung 262 MW (~ 356 000 PS!)

– einen Luftkompessor gibt es für Weltraumanwendungen natürlich nicht. Beim Flugzeug will man aber die Luft zur Verbrennung nutzen, und deshalb ist der Kompressor nötig. Der Kompressor muss angetrieben werden. Dazu nutzt man eine durchlaufende zentrale Welle mit vielen kleinen Schaufelrädern im Abgasstrahl, den Turbinenschaufeln. Diese Schaufeln sitzen hinter der Brennkammer direkt im Heißgas und werden von ihm angeblasen. Auf diese Weise wird die zentrale Welle angetrieben, mit der der Kompressor im Einlaufbereich verbunden ist. Die Turbinenschaufeln müssen also eine extreme Hitze aushalten und dennoch hohe Festigkeit

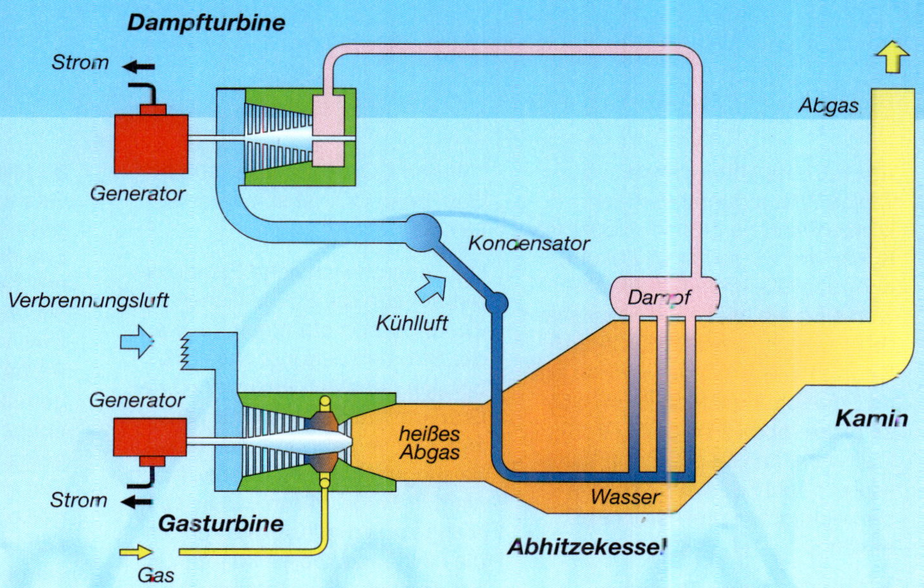

Im GuD- oder Kombikraftwerk wird zuerst eine Gasturbine eingesetzt, um Strom zu erzeugen. Mit der Abwärme der Turbine wird außerdem ein Dampfkraftwerksblock betrieben. Dieses Prinzipbild ist extrem vereinfacht, denn ein GuD-Kraftwerk ist noch viel komplizierter als ein Dampfkraftwerk (S. 61).

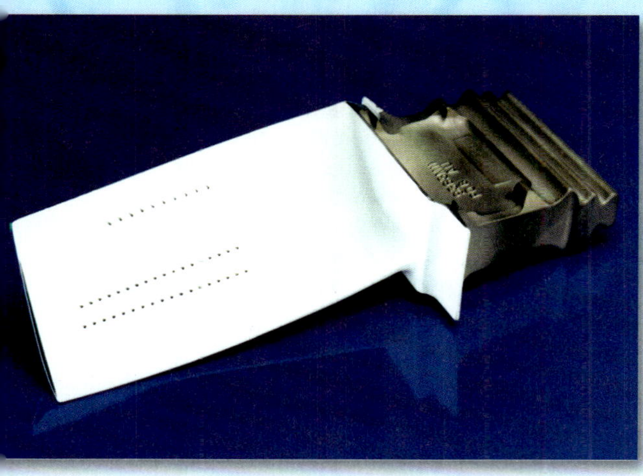

Turbinenschaufel mit aufgedampfter Wärmedämmschicht: Ein wesentliches Ziel der Materialentwicklung für moderne Flugturbinen ist die Verringerung von Treibstoffverbrauch und Schadstoffemission. Dies ist u.a. durch die Erhöhung der Turbineneintrittstemperatur realisierbar. Da mit dem Einsatz vollkeramischer Schaufeln in absehbarer Zeit nicht zu rechnen ist, stehen Wärmedämmschichten im Mittelpunkt des Interesses. Aufgrund der äußerst geringen Wärmeleitfähigkeit dieser keramischen Schichten lassen sich bei innengekühlten Turbinenschaufeln Erhöhungen der Turbineneintrittstemperatur von etwa 100 bis 150 Grad Celsius erzielen. Das Bild zeigt eine Hochdruckturbinenschaufel, die mit einer 0.002 Millimeter dicken Wärmedämmschicht aus Zirkonoxid bedampft ist. Die Kühlluftbohrungen werden beim Bedampfen nicht verschlossen. (DLR-Institut für Werkstoff-Forschung)

aufweisen. Sie sind deshalb aus den besten Materialien gefertigt, die die Ingenieure dafür aufbieten können. In vielen Fällen sind das sogar einkristalline Nickelstähle. Zusätzlich werden alle Turbinenschaufeln durch innere Kanäle mit Luft gekühlt. Zum dritten gibt es zahlreiche winzige Luftlöcher an der Oberfläche der Schaufeln. Durch sie wird kalte Luft geblasen. Es bildet sich ein Luftfilm an der Oberfläche. Das ergibt die „Filmkühlung" der Turbinenschaufeln. Bei den fortgeschrittensten Schaufeln besteht deren Oberfläche nicht mehr aus dem metallischen Werkstoff selbst, sondern sie wird durch eine keramische Schutzschicht gebildet. Keramik ist

CCS - CO_2-Abscheidung und Speicherung

Aische, eine Mitbewohnerin aus Tanjas WG, argumentiert sehr konsequent: Es gibt noch sehr viel Kohle und wir sollten in Zukunft nur noch CO_2-freie Kohlekraftwerke bauen, wenn die Möglichkeit dazu besteht. Weil CCS (Carbon Capture and Storage) weltweit erst im Erforschungsstadium ist, gibt es bisher noch kein CCS-Großkraftwerk. Im Gespräch mit Klaus (siehe oben) hat Aische bereits die wichtigsten drei Teilschritte erwähnt:

1. Das CO_2 im Kraftwerk abscheiden. Hierzu werden sehr unterschiedliche Verfahren untersucht. Einige sind rechts schematisch dargestellt.
2. Das CO_2 über Pipelines transportieren.
3. Das CO_2 in leere Gasfelder (oder andere Formationen) verpressen.

Wir nehmen nun einen Taschenrechner zur Hand und schätzen schnell die Größenordnungen ab:

44 Gramm CO_2 (1 Mol) ergeben 22,4 Liter Gas unter Normaldruck.

1 Tonne CO_2 ergibt also 508 m³ Gas, denn CO_2 ist schwerer als Luft.

Die deutsche jährliche Emission beträgt zur Zeit 860 Millionen t CO_2 (S. 48), davon stammen 40 % aus der Stromerzeugung. Nur dort, bei den geballten Emissionen der Großkraftwerke, kann man ansetzen. Der Verkehr und die Hausheizungen kommen offensichtlich nicht in Frage. Wenn wir die CO_2-Menge aus den Kraftwerken um die Hälfte reduzieren könnten, sinkt die deutsche Gesamtemission immerhin um 20%, also 170 Millionen Tonnen. (Das entspricht zufällig fast genau den Gesamtemissionen aus dem Verkehr oder den jährlich „eingesparten" Emissionen durch die deutschen Kernkraftwerke, S. 53.)

Wir rechnen nun weiter und begreifen staunend die Dimensionen des Problems:

Die jährliche Abscheidung von 170 Mio. t CO_2 (20% der deutschen Emissionen) bedingt den Transport und die Verpressung von 85 Milliarden m³ CO_2. Diese riesige Gasmenge entspricht fast dem gesamten deutschen Erdgasverbrauch von jährlich 100 Milliarden m³. Zahlreiche Pumpstationen und ein großes Netz von neuen Pipelines würden dafür benötigt. Die Problematik einer sicheren, leckagefreien unterirdischen CO_2-Speicherung in den notwendigerweise gewaltigen Dimensionen wird zur Zeit an mehreren Standorten von geologischen Teams erforscht und kann heute noch nicht bewertet werden. Ein gemeinsamer Bericht über „Entwicklungsstand und Perspektiven von CCS-Technologien in Deutschland" wurde von drei Ministerien (Wirtschaft, Umwelt, Forschung) verfasst und am 19.9.2007 an die Bundesregierung übergeben. Eine sehr gute Informationsquelle ist auch die Studie der Deutschen Physikalischen Gesellschaft DPG (S. 157). Beide Berichte sind im Internet eingestellt und dort leicht zu finden.

extrem temperaturbeständig, aber leider sehr spröde. Denk an das zerbrechliche Porzellan in der Küche. Inzwischen kann man dünne und harte Keramikschichten auf hochfesten Metallen zuverlässig verankern. Auch die Riss- und Bruchfestigkeit wird ständig verbessert. Damit hat man einen enorm wichtigen Schritt zur Wirkungsgradverbesserung der Turbinen getan, denn möglichst hohe Verbrennungstemperaturen ergeben einen besseren Wirkungsgrad. Die metallischen Turbinenschaufeln in der Abgashölle werden durch hochfeste Keramikoberflächen, innere Luftkühlung und einen Kühlluftfilm an ihrer Oberfläche geschützt. Und das alles nur,

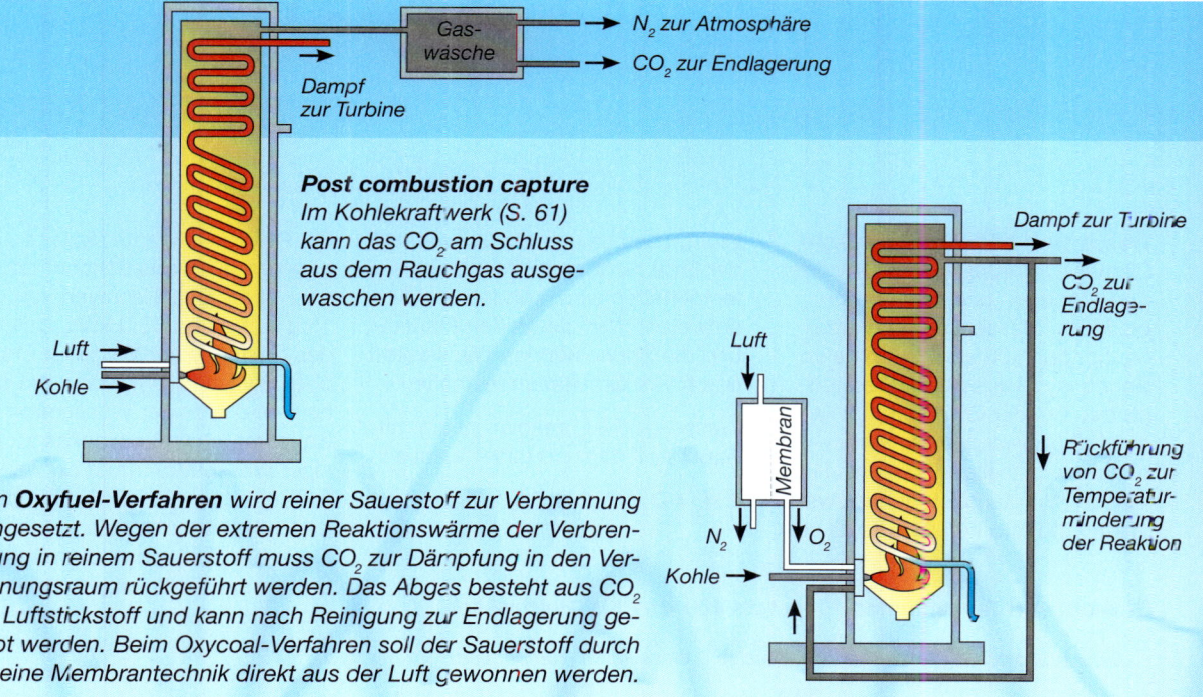

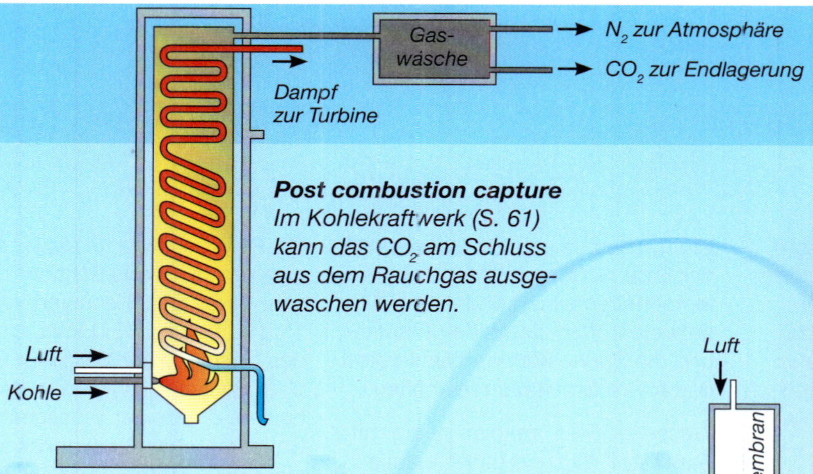

Post combustion capture
Im Kohlekraftwerk (S. 61) kann das CO_2 am Schluss aus dem Rauchgas ausgewaschen werden.

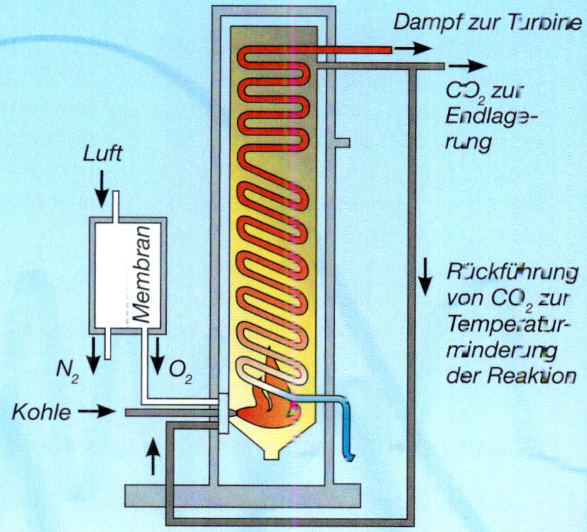

*Beim **Oxyfuel-Verfahren** wird reiner Sauerstoff zur Verbrennung eingesetzt. Wegen der extremen Reaktionswärme der Verbrennung in reinem Sauerstoff muss CO_2 zur Dämpfung in den Verbrennungsraum rückgeführt werden. Das Abgas besteht aus CO_2 ohne Luftstickstoff und kann nach Reinigung zur Endlagerung gepumpt werden. Beim Oxycoal-Verfahren soll der Sauerstoff durch eine Membrantechnik direkt aus der Luft gewonnen werden.*

Erdgas-GuD-Kraftwerk (S. 124) mit vorgeschalteter CO_2-Abtrennung: Pre-combustion capture
Entweder durch Kohlevergasung oder mit Erdgas wird Synthesegas erzeugt. Die anschließende Wassergas-„Shift“-Reaktion
$CO + H_2O \Rightarrow CO_2 + H_2$
verschiebt das Gleichgewicht zu Wasserstoff und CO_2. Das CO_2 wird abgetrennt, das H_2 ist der Brennstoff des GuD-Kraftwerks.

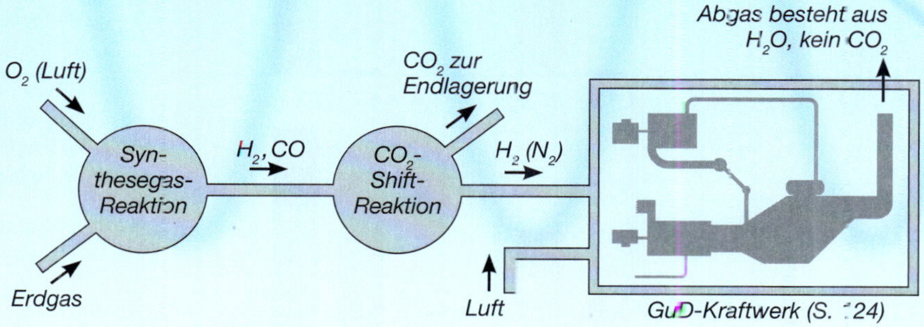

um eine möglichst hohe Verbrennungstemperatur und einen Wirkungsgrad von ca. 40% zu erreichen." „Kann man so eine Turbine auch zur Stromerzeugung einsetzen?" „Ja, dann muss man weitere Schaufelradsätze im Abgasstrom unterbringen, um dem Heißgas möglichst viel Energie zu entziehen. Den Stromgenerator kann man dann mit der Turbinenwelle koppeln. Die besten Wirkungsgrade für die Stromerzeugung erzielt man, wenn man die Restenergie der Abwärme der Turbine noch weiter nutzt und einem konventionellen Dampfkraftwerk zuführt. Das heißt dann Gas- und Dampfkraftwerk, kurz GuD.

GuD ist ein kluges Konzept für ein kompliziertes und teures Kraftwerk. Der Gesamtwirkungsgrad steigt dann auf bis zu 58%. Allerdings muss man in der Turbine das wertvolle Erdgas verfeuern anstatt der billigen einheimischen Kohle. So sind sowohl die Betriebskosten als auch die Investi-

Wasserstoff

Wasserstoff (H) ist das leichteste Element, ein einziges Proton bildet den Atomkern und ein Elektron die Hülle. Wasserstoff ist extrem häufig, denn 93% aller Atome im Sonnensystem sind Wasserstoffatome. Auf der Erde kommt Wasserstoff überwiegend in Verbindungen vor, insbesondere als H_2O. Wasserstoffgas besteht aus zwei Wasserstoffatomen (H_2). Es ist so leicht, dass es von der Schwerkraft der Erde nicht in der Atmosphäre festgehalten wird, sondern ins All entweicht. Nur die großen Planeten und die Sonne können Wasserstoff durch ihre Gravitation festhalten.

Wasserstoff (H_2) reagiert heftig mit Sauerstoff (O_2) und bildet Wasser:

$2\ H_2 + O_2 \Rightarrow 2\ H_2O$ + Wärme

Die Reaktionswärme dieser so genannten „Knallgasreaktion" ist sehr hoch: Der Brennwert von 1 kg H_2 beträgt 33,3 kWh, das ist das dreifache der Werte für Erdgas oder Benzin (S. 41). Vor allem deshalb wird flüssiger Wasserstoff für Raketentriebwerke eingesetzt. Flüssiger Wasserstoff muss aufwendig auf 20,3 K (= −252,9 °C) gekühlt und in Isoliertanks gelagert werden. Der große Tank unter dem Space Shuttle enthält flüssigen Wasserstoff und Sauerstoff für die drei Triebwerke. Die beiden seitlichen „Booster" dagegen verbrennen hellleuchtenden festen Treibstoff.

Wasserstoff ist das leichteste aller Gase. H_2-Gas bei Normaldruck und 0 °C wiegt nur 90 Gramm pro m³ und hat deshalb einen Brennwert von nur 3 kWh/m³. Das ist etwa ein Drittel des Wertes von Erdgas!

Das Diagramm links zeigt, dass Kohlenwasserstoffe (Diesel) im Verkehr große Gewichtsvorteile gegenüber Wasserstoff bieten, weil sie viel leichter zu lagern sind.

Gewicht und Tankvolumen (für jeweils 400 km PKW-Reichweite)

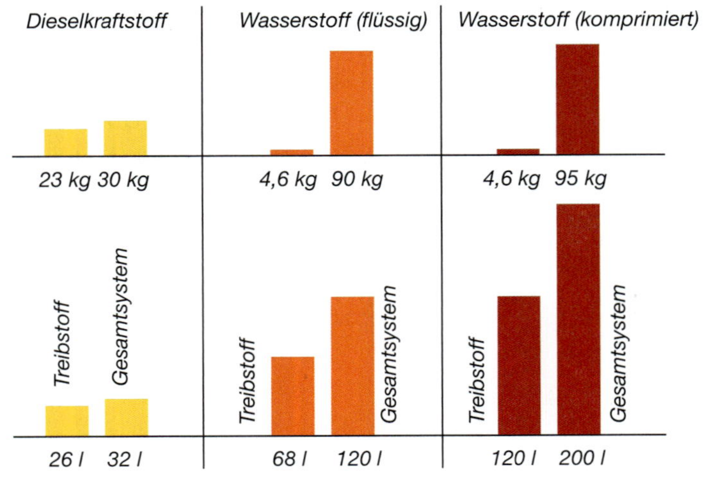

tionen deutlich höher als bei einem Kohlekraftwerk. Günstig ist natürlich die CO_2-Bilanz, weil der Brennstoff Erdgas (CH_4) kohlenstoffarm ist. CO_2-günstiger sind nur die Kernenergie und die unerschöpflichen BWWS (Bio, Wind, Wasser, Sonne)."

Tanja hakt ein: „Außerdem habe ich gelesen, dass gerade die GuD-Kraftwerke besonders geeignet sind, das CO_2 aus dem Rauchgas abzuscheiden, um es in ausgebeutete Erdöllager zu pressen und dort fern der Atmosphäre endzulagern!" Klaus liebt diesen Ansatz gar nicht: „Stimmt nicht. Das Rauchgas eines Gaskraftwerkes besteht aus Wasserdampf, CO_2 und Luftstickstoff. Die Bestandteile muss man erst noch durch Kondensation des Wassers und die anschließende N_2/CO_2-Abscheidung trennen. Die CO_2-Verpressung kostet dadurch insgesamt sehr viel Energie, so dass der mühevoll

Klaus hat bei seiner Diplomprüfung den folgenden visionär-theoretischen Vorschlag entwickelt:

Ein großer Windpark liefert Überschuss-Strom von 1 GW, der gespeichert werden soll. Damit wird eine (wahrhaft riesige) Elektrolyseanlage betrieben, die bei einem (nur mit teuren Katalysatoren erreichbaren) Wirkungsgrad von 90% Wasserstoffgas und als Nebenprodukt Sauerstoff herstellt. Für etwa 3,5 kWh wird 1 m³ H_2 erzeugt, 1 GW liefert damit pro Stunde $3 \cdot 10^5$ m³ H_2-Gas, also grob 8 m³ pro Sekunde. Dieses Gas wird in großen unterirdischen Hohlräumen gespeichert. Bei 30 bar Speicherdruck kommen in 10 Stunden immerhin 100 000 m³ H_2-Gas zusammen. Zum Vergleich: Der Druckgasspeicher Huntorf fasst 270 000 m³ Druckluft. Dieses gespeicherte H_2-Gas nun, so argumentierte Klaus in seiner Prüfung, könnte man entweder in ein Rohrnetz für Industriekunden einspeisen und dort beispielsweise zu synthetischem Kraftstoff veredeln oder aber bei Bedarf mit einem GuD-Kraftwerk zu Strom verwandeln oder sogar mit einer fortgeschrittenen zukünftigen Brennstoffzelle mit einem Wirkungsgrad von bis zu 70% wieder zu Strom rückverwandeln.

Während der prüfende Brennstoffzellen-Professor hoch erfreut nickte und noch einige Detailfragen zur Brennstoffzelle an Klaus richtete, meinte der Kraftwerksfachmann etwas brummig: „Das hört sich aber noch nach einem sehr umfangreichen Forschungsprogramm an. Sie sollten bitte nicht vergessen, was für eine bewährte Technik wir mit den zuverlässigen konventionellen Wärmekraftwerken zur Verfügung haben, die allerdings inzwischen als pure Selbstverständlichkeit betrachtet wird – aber wehe, wenn sie eines Tages nicht mehr zur Verfügung steht. Ein voller Kohlebunker oder ein Satz Uranbrennstäbe sind für mich auch hübsche Stromspeicher!"

hochgetriebene Wirkungsgrad des Kraftwerks vielleicht um 10 – 15 Prozentpunkte sinkt. Das ist mir ein zu hoher Preis, denn eine Einbuße von 40% auf 30% im Wirkungsgrad bedeutet doch 30% Mehrverbrauch an Brennstoff." – „Klaus, manchmal bist du mir zu engstirnig!" Aische, eine Mitbewohnerin aus der WG, hatte die ganze Zeit den Raum für die Party dekoriert und natürlich Tanjas provozierende Fragen mitgehört, „Bitte denk doch 'mal ganz scharf nach. Es gibt vor allem noch so viel Kohle auf der Welt – das dürfen wir nicht einfach vergessen. Diese Kohle wird gefördert werden, da bin ich sicher. Wenn du aber vernünftigerweise die Umwelt vor den CO_2-Emissionen der Kohlekraftwerke schützen willst, dann werden dir neueste Techniken tatsächlich den Betrieb eines Kohle- oder Gaskraftwerkes ohne Emissionen erlauben – ist das nicht genial?" Klaus legt die Stirn in Falten: „Also schnell ist das doch sowieso nicht zu realisieren, da setze ich lieber auf das Energiesparen und auf die Sonne!" Aische lacht: „Das sollst du doch – ja, das musst du sogar unter allen Umständen tun! Aber das ist auch nicht alles einfach und schnell realisierbar! Ich habe da nur viel konsequenter in die Zukunft geplant. Wer hält denn nachts die Stromversorgung für unsere Städte, Fabriken und den Verkehr aufrecht? Deine Sonne doch wohl kaum, und deine heißersehnten großen Stromspeicher sehe ich zur Zeit überhaupt noch nicht. Besonders nachts bleiben die Kern- und Kohlekraftwerke nach wie vor unsere zuverlässigsten Stromlieferanten. Die langen, kalten Winternächte ohne Strom wären wirklich kein Vergnügen. Ich bin kein besonderer Freund dieser Kraftwerke, das weißt du, wegen

Brennstoffzellen

Wir sind von einem Akku gewöhnt, dass man von einer elektrochemischen Reaktion im Inneren des Akku die Elektronen als nutzbaren Strom über die Anschlussklemmen abgreifen kann. Im Akku laufen dabei Oxidations- und Reduktionsreaktionen an den Elektroden ab.

Die Brennstoffzelle (fuel cell, FC) arbeitet in gewisser Weise ähnlich, wobei nun aber „heiße" Verbrennungsreaktionen in „kalte" elektrochemische Teilschritte zerlegt werden. Man spricht deshalb auch von „kalter Verbrennung", obwohl manche Zelltypen bei recht hohen Temperaturen (ca. 750 °C) arbeiten. Es gibt inzwischen eine große Vielzahl unterschiedlicher Typen von Brennstoffzellen. Im einfachsten Fall werden Wasserstoff (H_2) und Sauerstoff (O_2) als Brennstoff eingesetzt.

In der Niedertemperatur-Brennstoffzelle (PEFC, Protonenleiter-Zelle) gibt der Wasserstoff seine Elektronen an eine Membran ab und wird als H^+-Ion beweglich. Es wird H_3O^+ als Übergangsmolekül gebildet. Der Sauerstoff kann aus einer zweiten Membran Elektronen aufnehmen und mit den H_3O^+-Ionen H_2O bilden. In der Summe gilt dann: $2\ H_2 + O_2 \Rightarrow 2\ H_2O$. Allerdings wird die Reaktion nun elektrochemisch gesteuert. Wegen des externen Elektronenflusses wird dabei nutzbare elektrische Energie gewonnen und entsprechend weniger Wärme freigesetzt.

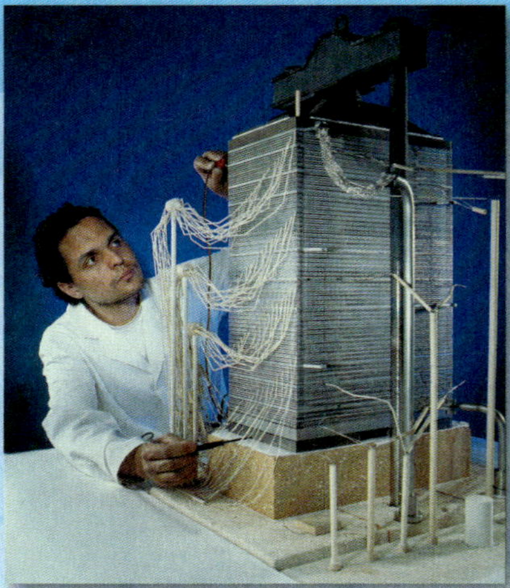

SOFC-Brennstoffzellen-Stapel
60 Zellen, Gesamtleistung 13,6 kW bei Einsatz von H_2 und einer Arbeitstemperatur von 800 °C (Helmholtz-Zentrum Jülich)

der Abfallfrage und des Klimaproblems. Aber jetzt haben wir durch die CO_2-Abscheidung auch die Möglichkeit, ein nicht-klimaschädliches Kohlekraftwerk zu bauen. Das passt doch ganz prima zu deiner Sonnenenergie!“ Tanja will mehr wissen: „Aische, geht das wirklich? Ist das realistisch?“ – „Doch, es gibt realistische Konzepte und erste Pilotanlagen. Man kann das CO_2 relativ leicht abtrennen, das ist kein Problem. Dann muss man es allerdings beispielsweise zu leeren Gas- oder Ölfeldern transportieren und dort zuverlässig speichern. Die Norweger machen das bereits bei der Ausbeutung des Sleipner-Gasfelds in der Nordsee und die Amerikaner pressen es in Öllagerstätten, um deren Ausbeute zu vergrößern. Ich schreibe gerade meine Masterarbeit über dies Thema. Es geht wirklich – kostet aber Energie. Da hat Klaus ganz recht.“ Tanja lacht: „Also Klaus, sollten dir nicht die saubere Luft und der Klimaschutz vielleicht bis zu zehn Prozentpunkte eines zuverlässigen Kraftwerks wert sein? Ich finde, Aische hat genauso recht! Wir müssen eben alles versuchen, was unserer Atmosphäre nützt. – Was haltet Ihr beiden eigentlich von Wasserstoff? Der verbrennt doch ganz ohne CO_2-Entwicklung. Das ist doch noch viel besser! Gestern stand erst wieder in der Zeitung, dass Wasserstoff der Energieträger

(Fortsetzung S. 134)

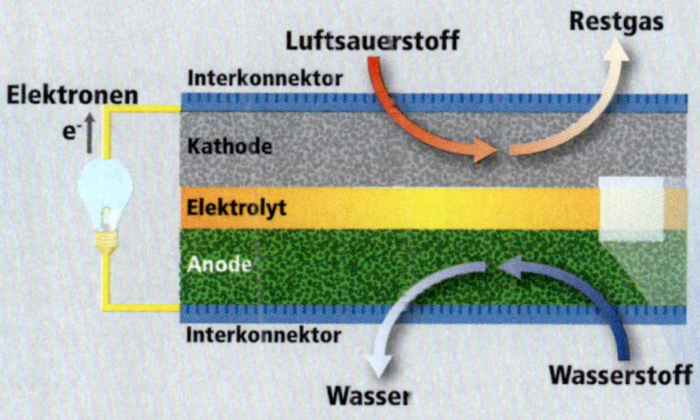

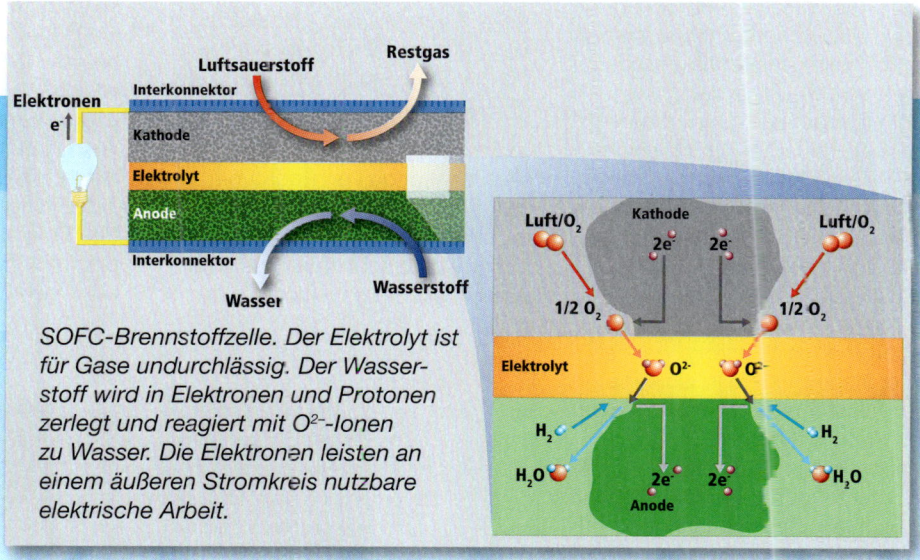

SOFC-Brennstoffzelle. Der Elektrolyt ist für Gase undurchlässig. Der Wasserstoff wird in Elektronen und Protonen zerlegt und reagiert mit O^{2-}-Ionen zu Wasser. Die Elektronen leisten an einem äußeren Stromkreis nutzbare elektrische Arbeit.

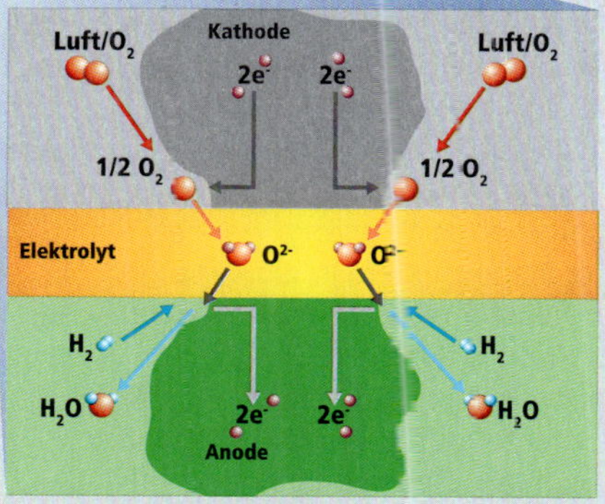

In der recht robusten Hochtemperatur-Zelle (SCFC, solid oxide fuel cell) sind vor allem O^{2-}-Ionen beweglich. Dort können neben Wasserstoff auch Methan oder Methanol als Brennstoffe eingesetzt werden.

Die Brennstoffzellentechnologie wird vor allem dann eine breite Anwendung finden, wenn sich eine Energiewirtschaft mit Wasserstoff als Energieträger entwickelt. Klaus hat in seiner Prüfung eleganterweise die Brennstoffzellen als Gegenpart zur Wasserspaltung durch Elektrolyse in einem zukünftigen Stromspeicherkonzept erläutert.

Weitere Informationen über Wasserstoff und Brennstoffzellen findet man in Referenz 14.

Die Sonne nutzen

Man kann nicht oft genug betonen, dass wir der Sonne das Leben und fast alle unsere Energieträger verdanken. Dabei ist die Sonne nicht nur eine angenehme, milde Wärmequelle. Dass das Sonnenlicht viel mehr ist als nur Wärme, wissen vor allem Biologen, Gärtner, Terrarienbesitzer und natürlich sonnenbrandgeschädigte Urlauber. Das Strahlungsspektrum der Sonne wird nämlich durch die sehr hohe Oberflächentemperatur von 5500 °C bestimmt und enthält folglich auch hochenergetische Lichtquanten (Photonen). Nur deshalb lohnt es sich, Sonnenlicht mit Hohlspiegeln auf einen „CSP-Receiver" zu konzentrieren, um damit sehr hohe Temperaturen zu erzielen (CSP: Concentrating Solar Power). Die CSP-Technik hat ein sehr hohes Potenzial für energietechnische Anlagen im äquatornahen Sonnengürtel der Erde, insbesondere in wolkenarmen Wüstenregionen. Der Besuch von Karin in Ägypten (S. 102) beschreibt ein CSP-Kraftwerk zur Stromerzeugung. Die CSP-Technik ist nicht auf Strom beschränkt – auch Wasserstoff und synthetische Kraftstoffe lassen sich herstellen, wenn man ausreichend preiswerte CSP-Hochtemperaturwärme zur Verfügung hat. Der Flächenbedarf ist groß, aber keineswegs utopisch (S. 110).

Auf viel kleinerer Skala arbeiten die vielfältigen Solarkocher, um warme Mahlzeiten zu garen. Um warmes Brauchwasser zu bereiten, kann man einfache Solarpaneelen und Tanks einsetzen. Diese preiswerten und simplen Anlagen können wegen ihres großen praktischen Nutzens und ihrer möglichst weiten Verbreitung nicht hoch genug gelobt werden. Das gilt auch für die Nutzung der Sonnenwärme zur Haus- und Brauchwasserheizung in Deutschland.

In Deutschland boomt zur Zeit die Fabrikation von Photovoltaik (PV)-Paneelen. Das Prinzip ist bestechend einfach und die Technologie sehr zuverlässig. In einer Halbleiterscheibe wird durch „Dotierung" mit Fremdatomen ein inneres elektrisches Feld erzeugt. Dieses Feld trennt die beweglichen positiven und negativen Ladungsträger, welche durch das einfallende Sonnenlicht ständig im Halbleiter erzeugt werden. An den Kontakten der PV-Zelle stehen dann eine Gleichspannung und ein Gleichstrom zur Verfügung, ähnlich wie an einer Batterie. Man kann bei gutem Lichteinfall etwa 100 W Leistung pro m² erzielen, so dass ein Hausdach mit 50 m² PV-Zellen bis zu 5 kW elektrische Leistung abgeben kann, solange die Sonne ausreichend scheint. Auf diese Weise können viele Hausbesitzer relativ unkompliziert zur Stromerzeugung beitragen. Der Beitrag des Solarstromes zur Gesamtproduktion ist mit 0,3% allerdings noch gering.

Ein Solarkocher. Hier ein Modell zum Selbstbauen aus Pappe und Alufolie.

CSP-Anlage (DLR):
In diesem Fall konzentrieren die Spiegel die Sonnenenergie auf Rohre, in denen eine Flüssigkeit hoch erhitzt wird.

Es gibt nur zwei Nachteile: Erstens muss man den Strom für dunkle Stunden mit teuren Akkus speichern oder aber auf ein stabiles konventionelles Netz zurückgreifen können. Zweitens sind die Fertigungskosten der PV-Zellen relativ hoch. Ein aufschlussreicher Kostenvergleich findet sich auf Seite 96, 98. Um der PV eine Chance zu geben, sind die Stromanbieter und damit indirekt alle Stromkunden in Deutschland verpflichtet worden, den Strom der PV-Anlagenbesitzer zu jeder Zeit und zu kostendeckenden, leider noch sehr hohen Preisen abzukaufen. Typische „Einspeisevergütungen" betragen 40 – 60 Cent/kWh je nach Anlagentyp und sind auf 20 Jahre garantiert. Ein konventionelles Kraftwerk produziert den Strom oft zu einem Zehntel dieses Preises (S. 98). Es bleibt zu hoffen, dass es der nunmehr mit hohen Wachstumsraten und Gewinnen verwöhnten PV-Industrie gelingen möge, mit Hilfe dieser ungewöhnlich hohen indirekten Förderung die Kosten der PV-Zellen drastisch zu senken, um zumindest mit der ebenfalls noch gesetzlich unterstützten Windkraft oder mit zukünftigen CSP-Anlagen konkurrieren zu können.

Ausführliche Informationen zu CSP- und PV-Anlagen finden sich in Referenz 14.

PV-Anlage (Shell)

der Zukunft sein wird, wenn es kein Öl mehr gibt. Außerdem wird bei seiner Verbrennung kein CO_2 erzeugt, und Wasserstoff kann in Brennstoffzellen mit hohem Wirkungsgrad zu Strom gewandelt werden kann." „Tanja, wenn du mir bitte erklären könntest, woher der viele Wasserstoff kommen soll, den wir dann benötigen, nur dann kann ich diesen Standpunkt nachvollziehen. Heute wird Wasserstoff unter CO_2-Erzeugung und Energieaufwand aus Erdgas gewonnen – Wasserstoff muss also teurer sein als das Erdgas selbst. Und elektrolytisch aus Wasser gewonnener Wasserstoff muss deutlich teurer sein als der wertvolle Strom, denn der energetische Wirkungsgrad der Wasserzersetzung beträgt um die 70%.

Biomasse - die vielseitige Lebensmittel-, Energie- und Rohstoffquelle

Biomasse – das ist ein trockener Begriff für die wundervolle Vielfalt an organischer Materie: die Pflanzen der Gärten, Felder und Wälder, die Futter- und Lebensmittel, auch das Holz und Stroh. Wissenschaftlich gesehen zählen sogar die Lebewesen zur „Biomasse", werden aber im folgenden nicht weiter betrachtet. Wichtig dagegen sind deren Soffwechselprodukte (Mist, Gülle), die abgestorbenen Organismen und die biologischen „Abfälle". Wir erinnern uns: Vor etwa 100 Millionen Jahren ist allein aus Biomasse unter Luftabschluss und Erdwärme Kohle, Öl und Erdgas entstanden. Dabei wurde sehr viel CO_2 für lange Zeiten aus der Atmosphäre entfernt. Bei der Verbrennung der „fossilen Brennstoffe" wird es nach Jahrmillionen nun wieder frei gesetzt, was uns große Sorgen bereitet (S. 92, 162). Dagegen bereitet uns das CO_2 aus der Verbrennung heutiger Biomasse keine Sorgen, denn es gehört zum Kohlenstoffkreislauf der Gegenwart (S. 36). Im Gegensatz zur Kohleverbrennung ist die Biomasseverbrennung „CO_2-neutral".

Noch für Deine Ur-Urgroßeltern war es eine Selbstverständlichkeit, dass die Lebensmittel und der „Treibstoff" für die Zugtiere (Hafer) auf dem Acker wuchsen, die Kleidung aus Leinen oder Wolle bestand und Holz zum Bauen und Heizen eingesetzt wurde. Auf dem Lande lebte man fast ganz ohne Kohle oder Öl, Elektrizität war bestenfalls eine Kuriosität. Vor 1850 waren bei uns 2/3 der Bevölkerung in der Landwirtschaft beschäftigt, wie es ja auch heute noch in vielen Entwicklungsländern der Fall ist. Unsere Vorfahren haben uns bewiesen, dass man allein mit Biomasse auskommen kann, aber ein „Landarbeiter" ernährte nur einen weiteren „Mitbürger". Ein moderner Landwirt dagegen ernährt heute 150 „Mitesser" und benötigt dafür eine Menge Sprit und Strom. Wenn er aus Energiemangel wieder Pferde und Landarbeiter einsetzen müsste, würden viele Menschen verhungern. Bitte schau noch einmal die Seiten 73, 74, 92, 99, 113 sorgfältig an, denn die Menschheit steht heute vor einem tiefgreifenden Konflikt zwischen den verschiedenen Nutzungsarten ihrer Äcker, Wiesen und Wälder:

- Ernährung (mit Pflanzenkost oder gar Fleisch)
- Energiepflanzenanbau (für Brennstoff oder gar Biokraftstoff)
- Rohstoffbedarf (Bauholz, Wolle, Baumwolle, ...)
- Energiepflanzen-Monokulturen oder ökologischer Landbau
- Naturlandschaften oder gar Raubbau an der Natur

Weil Biomasse so vielseitig und wertvoll ist, muss ihr massenhafter Einsatz als technischer Brennstoff mit größtem Verantwortungsbewusstsein geplant werden. Genau deshalb wird für das neue Karlsruher „bioliq"-Verfahren nur ungenutzte Restbiomasse wie Holzabfälle und Stroh eingesetzt, nicht aber Raps, Mais oder Weizen.

Mehrere Verfahrensschritte sind notwendig, um aus Stroh hochwertigen Kraftstoff zu erzeugen:

Zuerst wird aus der Zellulose mit der typischen mittleren Zusam-

Durch den Einsatz von Katalysatoren kann daran hoffentlich noch etwas verbessert werden. Noch ist eine preislich konkurrenzfähige Wasserstofferzeugung nicht zu erkennen. Vielleicht bringt die Zukunft eine Lösung, etwa katalytisch durch Wasserspaltung bei hohen Temperaturen, mit Hilfe von konzentrierter Sonnenwärme oder von einem Hochtemperatur-Kernreaktor – oder aber über einen biotechnologischen Prozess, der sich an die Photosynthesereaktion der Pflanzen anlehnt. Selbst wenn wir ausreichend Wasserstoff herstellen könnten, ist er als Gas unter Druck oder flüssig tiefgekühlt auf 20 Kelvin immer noch viel schlechter zu speichern als etwa Benzin. Ich glaube, selbst wenn man eines Tages die kostengünstige und mas-

mensetzung $C_6H_8O_4$, was einer wasserverarmten Glukose (S. 39, 114) entspricht, durch sehr schnelles Erhitzen unter Luftabschluss (Pyrolyse) Kohlenstoff und eine ölige Flüssigkeit erzeugt. Erinnert Dich das an die Kohle- und Ölentstehung? Das so erzeugte „Bioslurry[1]“, eine pechschwarze „Soße“ aus Öl und Kohle, ähnelt ein wenig einer im Topf völlig verbrannten Mahlzeit, hat nun aber den großen Vorteil, eine viel höhere Energiedichte zu besitzen als das sperrige Stroh. Für eine zukünftige industrielle Produktion könnten die zur Slurryherstellung notwendigen Pyrolyseanlagen nahe bei den Erzeugern installiert werden, um die Transportkosten für das voluminöse Stroh oder Holz zu senken. Das kompakte Bioslurry dagegen kann man kostengünstig zu einer großen zentralen Synthesefabrik transportieren. Das Bioslurry wird dort in weiteren Prozessschritten zunächst zu Synthesegas (CO und H_2) umgesetzt, das nach einem Gasreinigungsschritt in einem Fischer-Tropsch-Verfahren (vgl. S. 111) zu hochwertigen Synthesekraftstoffen wie Benzin, Diesel oder Methanol umgewandelt werden kann. Der Gesamtenergiebedarf des Umwandlungsprozesses wird in einer großtechnischen Anlage vollständig durch die ablaufenden Reaktionen gedeckt.

Die Schlussbilanz kann sich sehen lassen: aus 7,5 t Stroh wird 1 t Kraftstoff hergestellt. Damit steht immerhin noch der halbe Energieinhalt des Strohs oder auch des Holzes in Form von Kraftstoff zur Verfügung.

Biokraftstoff-Pilotanlage des Forschungszentrums Karlsruhe. Der Durchsatz beträgt 500 kg Biomasse pro Stunde. Das „bioliq“-Verfahren wird in Referenz 14 ausführlich erklärt.

[1] slurry (engl.): Aufschlämmung

senhafte Wasserstofferzeugung beherrscht, wird die Wasserstoffverteilung an die Endverbraucher am besten an Kohlenstoff gebunden in synthetischen Kohlenwasserstoffen, also Kraftstoffen wie Methanol oder Diesel, erfolgen. Den Kohlenstoff dafür könnte man theoretisch aus der Luft entnehmen, wo er in Form von CO_2 beliebig verfügbar ist. So etwas wird inzwischen ernsthaft von Wissenschaftlern erwogen. Das CO_2 aus der Luft dient schließlich auch allen grünen Pflanzen als Kohlenstoffquelle. Aber das ist wohl noch ein weiter Weg. Meine Kehle ist schon ganz trocken vom vielen Reden."

Geothermie - ein gewaltiger Wärmevorrat verborgen in der Tiefe

Es ist schon verrückt: Wir leben auf einer riesigen glutflüssigen Feuerkugel und es gibt trotzdem im Winter Glatteis und kalte Füße. Erdreich und Gestein sind offensichtlich sehr schlechte Wärmeleiter. Die mittlere Bodentemperatur wird deshalb von der Sonneneinstrahlung, bis zu 1000 W/m², und der Lufttemperatur bestimmt. Der Wärmestrom aus dem Erdinneren zur Erdoberfläche dagegen beträgt vergleichsweise winzige 0,065 W/m².

Schon ab etwa 1 m Tiefe stellt sich im Erdreich eine nahezu konstante Temperatur ein, die der mittleren Jahrestemperatur an der Oberfläche entspricht. Wenn es aber deutlich tiefer geht, wie etwa beim Bergbau, dann steigt die Temperatur im Mittel um rund 3 °C pro 100 m Tiefe an. Deshalb wird es in sehr tiefen Bergwerken, beispielsweise in Goldgruben in Südafrika (S. 34), unerträglich heiß und ein ständiger Kühlluftstrom ist für die Bergleute überlebenswichtig.

Es ist also die schlechte Wärmeleitung der äußeren Erdkruste, die unser Leben auf einem Feuerball ermöglicht, aber sie verhindert auch ein einfaches „Anzapfen" des praktisch unbegrenzten Wärmevorrats in der Tiefe.

Herrlich ist die nahezu kostenfreie Beheizung von Gebäuden mit Fernwärme, wenn man in der Nähe von kräftigen heißen Quellen lebt – wie etwa in Island. Solche Quellen sind leider selten, aber wenn die (Grund-)Wassertemperatur ausreicht, kann man immer noch mit Hilfe einer Wärmepumpe Gebäude relativ preisgünstig beheizen. Allerdings muss man die notwendige Wärmemenge dem Erdreich entziehen können, denn eine Wärmepumpe „kühlt" das äußere Reservoir (das Erdreich oder die Umgebung) und heizt mit der entzogenen Wärme das Innere eines Gebäudes. Die Funktionsweise ist damit ganz ähnlich der eines Kühlschranks. Wegen des guten Wärmeübergangs ist dabei eine wasserführende Schicht im Erdreich besonders günstig.

Für ein Kraftwerk zur Stromerzeugung braucht man sehr heißes

Bohrmeißel einer Geothermie-Tiefbohrung

Tanja lacht: „Ich hole dir noch eine Cola. Aber sag mal, wann bekommen wir denn nun den billigen Strom aus der Kernfusion? Ist das immer noch reine Zukunftsmusik? Wenn ich nur daran denke, dass dieses Fusionsgas über 100 Millionen Grad heiß sein soll, ist mir das total unvorstellbar. Das Innere der Sonne irgendwie hier auf der Erde? Unglaublich!" – „Nicht wirklich", meint Klaus nachdenklich „denn es gibt bereits eine Reihe von Fusionsexperimenten, die sogar die Temperaturen im Sonnenkern weit übertreffen. Das geht tatsächlich. Eine der Heizmethoden kennen wir alle. Es ist die Mikrowelle, wie in der Küche, aber natürlich mit unvergleichlich

(Fortsetzung S. 140)

Wasser (mindestens 150 °C) unter Druck, um damit Dampf erzeugen zu können. Dazu muss man eine Tiefe zwischen 3000 und 5000 m erbohren. Wenn man Glück hat, kann man dort unten sogar eine heiße Wasserader finden und anzapfen. Meistens aber ist nur heißes Felsgestein zu finden: HDR (Hot Dry Rock). Dann braucht man mindestens zwei Bohrlöcher, die einige 100 m voneinander entfernt sind. Zu Beginn wird Wasser unter sehr hohem Druck durch ein Bohrloch gepresst, um Brüche und Spalten im unterirdischen Fels zu erzeugen. Später pumpt man kaltes Wasser hinunter, lässt es durch das heiße Gestein erwärmen und fördert es im zweiten Bohrloch wieder nach oben. Eine Bohrung kostet je nach Schwierigkeitsgrad 5 bis 10 Millionen Euro, aber im Normalfall können zwei Bohrungen dann bis zu 20 Jahre lang Heißwasser produzieren. Erste kleine Anlagen sind in Deutschland und Frankreich (Elsass) in Betrieb. Unter günstigen Verhältnissen sind Kraftwerke bis zu 50 MW vorstellbar. In jedem Fall ist die Gebäudebeheizung mit Fernwärme eine weitere Option.

Ausführliche Informationen bieten Referenz 1 – 3 und 14.

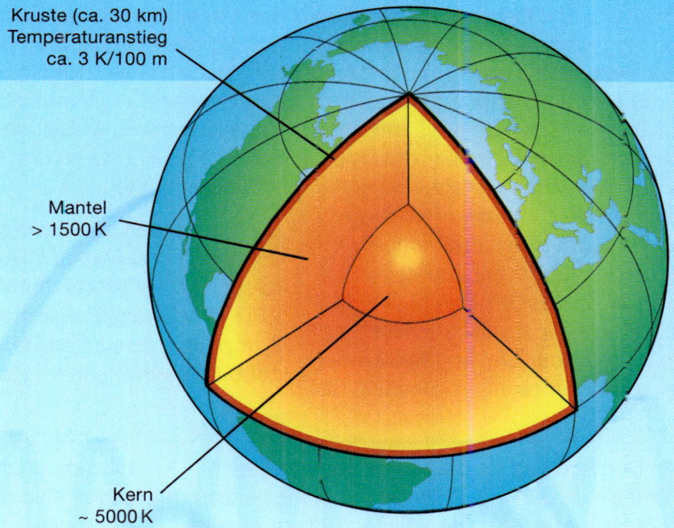

Im Kern ist unsere Erde vermutlich 5000 bis vielleicht 7000 Grad heiß – genauere Werte kennt man noch nicht. Das ist vergleichbar mit der Temperatur der Sonnenoberfläche! Etwa die Hälfte der Erdwärmeenergie stammt noch immer aus der Zeit der Erdentstehung vor 4,6 Milliarden Jahren (S.17). Das erscheint unglaublich, denn vor 4 Milliarden Jahren war die Erdoberfläche schon kalt genug für die Entstehung des Lebens. Die andere Hälfte der Erdwärme ist vermutlich auf die Radioaktivität natürlicher langlebiger Isotope im Erdinneren zurückzuführen. Obwohl der Erddurchmesser 12 700 km beträgt, ist die starre Lithosphäre, auf der wir leben, nur 30 – 100 km dick. Maßstäblich auf dieser Abbildung wäre das eine 0,3 mm dicke Schale.

Strom aus Kernenergie – was tun unsere Nachbarn?

Die Technik von Kernkraftwerken ist nur im Prinzip einfach – im Detail stecken darin die Forschungs- und Entwicklungsarbeiten von über 60 Jahren, tausenden Wissenschaftlern und Betriebserfahrungen aus insgesamt 440 Kraftwerken in aller Welt mit zusammen mehr als 12 000 Betriebsjahren. Es wurde auf S. 60 – 62 schon erwähnt, dass Kernkraftwerke Wärmekraftwerke sind. Ihre Wärmeenergie wird aus der Kernspaltung von ^{235}Uran gewonnen. Die Reaktionen der Atomkerne bei der Kernspaltung von Uran sind ungefähr eine Million Mal energiereicher als die chemischen Reaktionen der Elektronenhülle bei der Kohleverbrennung. Deshalb ist der Brennstoffbedarf eines großen Kernkraftwerkes eine Million Mal geringer als der vergleichbare Kohlenbedarf. Ein Großkraftwerk mit einer Leistung von 1,3 GW Strom setzt in einem ganzen Jahr nur 650 kg des Brennstoffes ^{235}Uran um. Dafür müssen jährlich beispielsweise 25 t Brennstäbe eingesetzt werden, wobei die frischen Stäbe 96,5 % ^{238}Uran und 3,5 % ^{235}Uran enthalten.

Die Neubauten in Olkiluoto (Finnland) und Flamanville (Frankreich) sind sehr fortschrittliche EPR-Druckwasserreaktoren (EPR: European Pressurized Reactor) mit 1600 MW elektrischer Leistung. Diese Reaktoren der „Dritten Generation" sind kompromisslos für höchste Sicherheitsanforderungen konstruiert und auch Flugzeugabstürze oder Erdbeben können sie nicht zerstören.

Weltweit haben sich 10 Länder, darunter England, Kanada, USA, Frankreich, Schweiz, Japan, China sowie die Europäische Kommission zu einem Verbund zusammengeschlossen, der die zukünftigen Kernkraftwerkslinien plant: Die Anlagen der Generation IV werden bei weiter entwickelter Zuverlässigkeit und Wirtschaftlichkeit bei der Erzeugung von Strom, Wärme und Wasserstoff noch weniger

In Deutschland ist die Kernenergie politisch umstritten und ein „Ausstieg" ist eingeleitet, der dann bis 2021 zur völligen Stillegung aller 17 Kraftwerke führen soll. Selbst wenn unsere Anlagen abgeschaltet sind, werden wir in Europa noch von über 150 laufenden Kernkraftwerken umgeben sein. Viele Nachbarländer setzen nachdrücklich auf die Kernenergie, so auch die Schweiz aufgrund eines Volksentscheids aus dem Jahr 2003. Weltweit sind 34 Kraftwerke in Bau, darunter zwei in Finnland und Frankreich, weil man auch dort diese zuverlässige, kostengünstige und CO_2-neutrale Stromquelle langfristig nutzen will.

Die sehr besonnene, neutrale und objektive Studie der Deutschen Physikalischen Gesellschaft DPG zu „Klimaschutz und Energieversorgung in Deutschland" (S. 157) argumentiert sehr vorsichtig, ist keiner Interessengruppe verpflichtet und wurde nur von ausgewiesenen Wissenschaftlern erstellt. Die folgenden Aussagen sind dem ausführlichen Kapitel 8 über Kernenergie entnommen:

- Derzeit beträgt die jährliche CO_2-Einsparung ca. 160 Millionen Tonnen, falls man seinerzeit Kohlekraftwerke statt der Kernkraftwerke gebaut hätte.
- Die Kraftwerke können mindestens 50 Jahre oder länger ohne Sicherheitseinbußen betrieben werden. Vom Standpunkt der Sicherheit ist nichts gegen ein Weiterlaufenlassen einzuwenden.
- Vom Standpunkt der Abfallentsorgung ist gegen eine Laufzeitverlängerung nichts einzuwenden.
- Von Seiten der Uranversorgung besteht kein Hindernis gegen eine Laufzeitverlängerung.
- Die Schaffung von Endlagern muss zügig zu Ende geführt werden.

Druckwasserreaktor (Schemazeichnung)

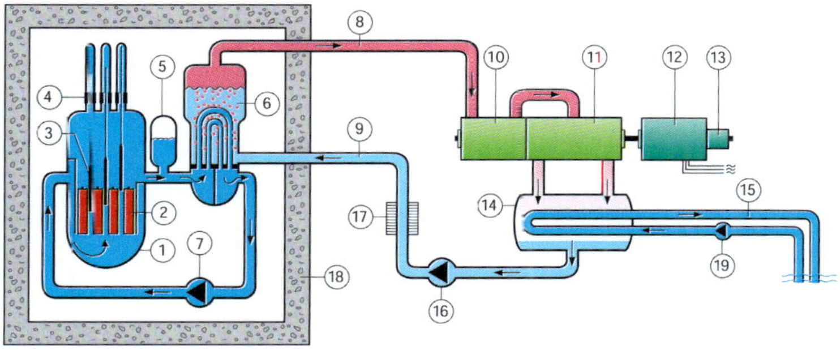

1 Reaktordruckbehälter
2 Uranbrennelemente
3 Steuerstäbe
4 Steuerstabantriebe
5 Druckhalter
6 Dampferzeuger
7 Kühlmittelpumpe
8 Frischdampf
9 Speisewasser
10 Hochdruckteil der Turbine
11 Niederdruckteil der Turbine
12 Generator
13 Erregermaschine
14 Kondensator
15 Flusswasser
16 Speisewasserpumpe
17 Vorwärmanlage
18 Betonabschirmung
19 Kühlwasserpumpe

Brennstoff benötigen und deutlich weniger hochaktiven Abfall erzeugen. Einerseits kann hochaktiver Abfall, insbesondere Plutonium, in geeigneten Reaktoren als Brennstoff wieder eingesetzt werden, so dass er nicht „endgelagert" werden muss – andererseits gibt es die Möglichkeit, abgetrennten hochaktiven Abfall zu „transmutieren". Dabei werden die langlebigen radioaktiven Atomkerne („Isotope") mit Hilfe von Kernreaktionen zu kürzerlebigen Isotopen verwandelt. In etwa 10-15 Jahren könnte auch die erste spezielle „Transmutationsanlage" erprobt werden.

Viele Neuentwicklungen findet man in dem Bericht „Was ist Generation IV?" (Im Internet eingestellt vom Forschungszentrum Karlsruhe unter FZKA6967). Auch die Europäische Union hat eine Darstellung über die Zukunft der Kernenergie veröffentlicht (www.snetp.eu).

Die Brennelemente (2) enthalten einige Prozent ^{235}Uran, dessen Kernspaltung Energie frei setzt und damit Heißwasser von 325 °C unter 160 bar Druck erzeugt. Die Steuerstäbe (4) können die Kernspaltung des Uran drosseln und damit die Leistung regeln. Die Wärmeenergie des Wassers im inneren „Primärkreislauf" (1, 7), das mit der Kühlmittelpumpe (7) umgewälzt wird, wird im Wärmetauscher des Dampferzeugers (6) zur Frischdampferzeugung im „Sekundärkreislauf" genutzt. Erst dieser Dampf treibt die Turbinen (10, 11) und damit den Generator (12) zur Stromerzeugung an. Der Dampf wird nach der Turbine wieder kondensiert mit Hilfe eines Kondensators (14), der seinerseits von einem dritten Wasserkreislauf, dem externen Kühlwasserkreislauf (15, 19), gekühlt wird, wobei das Rohr (15) meistens zu einem großen Kühlturm führt. Das im Kondensator rückgewonnene Wasser des Sekundärkreislaufs wird mit einer Hochdruck-Speisewasserpumpe (16) wieder dem Dampferzeuger zugeführt.

Ausführliche Erläuterungen zu den vielfältigen Aspekten der Kernenergie findet man auch in den Ref. 1-3.

(Bild: Kernenergie Basiswissen, Informationskreis KernEnergie, www.kernenergie.de)

höherer Leistung. Andere Experimente benutzen intensive Laserpulse. Das Prinzip ist zweifelsfrei demonstriert. Aber die Übertragung dieser Techniken von einem relativ kleinen Testaufbau zu einem stabil laufenden Großkraftwerk zur Stromerzeugung ist noch eine wahrhaft riesige Aufgabe.“ Tanja überlegt und gibt zu bedenken: „Wie ist man sicher, dass bei derart wahnsinnigen Temperaturen nichts explodiert?“- „Da gibt es kein Problem“, erklärt Klaus, „denn nur weniger als ein Gramm Brennstoff sind auf etwa 1000 Kubikmeter Brennraum verteilt. Es ist erstaunlich, aber das energiereiche Fusionsplasma ist in Wirklichkeit ein extrem verdünntes Gas. Außerdem gibt es bei der Fusion keine Kettenreaktion. Deshalb kann da nichts explodieren.“- „Wann wird denn dann das erste Kraftwerk Strom liefern?“ –„Ich weiß es nicht“, gibt Klaus ehrlich zu, „es sind noch zu viele technische Entwicklungen notwendig, bis wir den Fusionsstrom aus

Kernfusion

Kernfusion auf der Erde – eine gewaltige Anstrengung für ein großes Versprechen.
Die Idee ist genial und einfach, die Verwirklichung dagegen eine große Herausforderung. Man nehme leichte Atomkerne und führe unter Druck und hoher Temperatur eine Kernverschmelzung zu Helium durch. Dabei wird sehr viel Energie frei. Im Inneren der Sonne (S. 21) läuft dieser Prozess zwischen Wasserstoffkernen (Protonen) bei 15 Millionen Grad und unter dem gigantischen Druck von $2 \cdot 10^{11}$ bar ab. Weil dieser Druck auf der Erde völlig unerreichbar ist, muss man hier das reichlich verfügbare Wasserstoffisotop Deuterium (enthält 1 Proton und 1 Neutron im Kern) und Tritium (1 Proton und 2 Neutronen) einsetzen. Deuterium ist im Wasser enthalten. Das Tritium dagegen kann man aus Lithium „erbrüten“, denn wenn Lithiumatome im Reaktor Neutronen einfangen, zerfallen sie in Tritium und Helium. Ein Druck von nur 5 – 10 bar, aber eine Temperatur von 100 Millionen Grad sind notwendig, um Deuterium und Tritium zu verschmelzen. Die Kernfusion von einem einzigen Gramm dieser Wasserstoffisotope setzt $3{,}4 \cdot 10^{11}$ Joule an Energie frei. Das entspricht dem Energieinhalt von 10 000 Litern Benzin (S. 41). Selbstverständlich gibt es keinen Werkstoff, der als Druckgefäß bei diesen Temperaturen dienen könnte. Statt dessen muss man die Atomkerne als Plasma, also ohne ihre Elektronenhülle, in einem Vakuumbehälter durch starke magnetische Felder einschließen und von den Wänden fern halten. Die gewaltigen Ausmaße der riesigen supraleitenden Elektromagnete und des ringförmigen Vakuumbehälters sind auf dem Bild zu erkennen. Obwohl die Fusionsleistung hoch ist, ist die im Plasma vorhandene Brennstoffmasse immer sehr gering und beträgt weniger als 1 Gramm. Deshalb kann es bei der Fusion nie zu einem gefährlichen unkontrollierten Leistungsanstieg kommen. Das ist ein sehr günstiger Sicherheitsaspekt. Die wissenschaftlichen, technischen und finanziellen Anstrengungen zur Erreichung der Kernfusion sind so gewaltig, dass man diese Forschung in einer weltweiten Kooperation zwischen der gesamten EU und der Schweiz, USA, Japan, Russland, China, Südkorea und Indien vorantreibt. Der **ITER (Internationaler Thermonuklearer Experimenteller Reaktor)** wird zur Zeit in Cadarache (Südfrankreich) gebaut. Für Bau und Betrieb sind 10 Milliarden Euro vorgesehen.

Falls die umfangreichen und komplizierten Experimente am ITER die Erwartungen erfüllen, kann frühestens ab 2020 das erste Demonstrationskraftwerk DEMO geplant werden, dem dann ein Jahrzehnt später ein kommerzielles Kraftwerk folgen könnte. Die Brennstoffe, Deuterium und Lithium, um das Tritium zu erbrüten, sind so reichlich überall auf der Erde vorhanden, dass sie für Jahrtausende reichen würden.

der Steckdose bekommen. Aber man zweifelt nicht daran, dass es gelingen kann, zumal große Fortschritte besonders in den letzten beiden Jahrzehnten erzielt worden sind. Deshalb haben sich ja auch sehr viele Länder zu den notwendigen großen Entwicklungsaufgaben zusammen geschlossen."

Aische kommt mit einer großen Blechdose auf Klaus zu: „Du Ärmster wirst ja von Tanja zum zweitenmal geprüft, und es scheint dir sogar noch Spaß zu machen. Hier, die Kekse kommen von meiner Mutter. Total lecker. Entspann dich endlich. Ich denke, du schwörst sowieso nur auf die Kernfusion in der Sonne und liebst vor allem Solarzellen!" Klaus steht offensichtlich immer noch voll unter Dampf und muss ständig sein Wissen zum besten geben: „Solarzellen für Strom? Vielerorts, ja sicher. Besonders in schlechtversorgten Gebieten wie etwa Entwick-

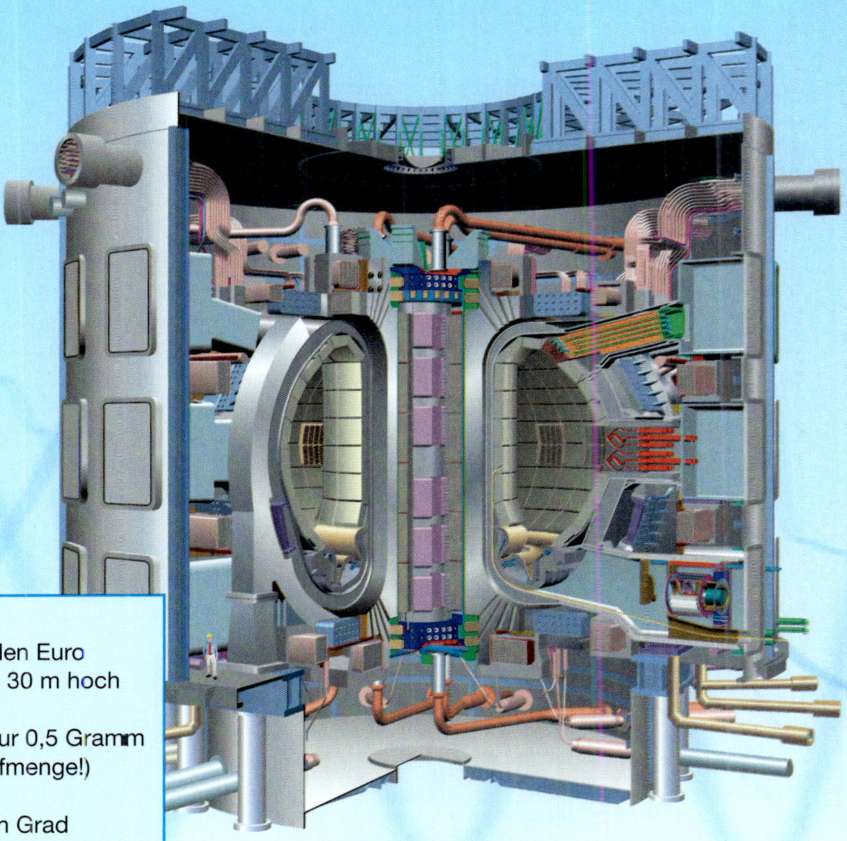

Schematische Darstellung von ITER. Links unten ist eine Person zum Größenvergleich abgebildet.

ITER:	
Baukosten:	ca. 5 Milliarden Euro
Vakuumraum:	Torus (Ring), 30 m hoch
Plasmavolumen:	837 m³
Masse des Plasmas:	insgesamt nur 0,5 Gramm (= Brennstoffmenge!)
Magnetfeld:	5,3 Tesla
Mittlere Temperatur:	100 Millionen Grad
Fusionsleistung:	500 MW

lungsländern. Ist aber immer noch sehr teuer. Ob man Solarzellen preislich konkurrenzfähig machen kann, muss die Zukunft zeigen. Die Idee ist zweifellos supergut, aber hier hängt alles an den sehr hohen Herstellungskosten für die Solarzellen. Und es bleibt natürlich obendrein dieselbe Grundproblematik wie beim Wind: Nur 20 % der installierten Leistung werden im zeitlichen Mittel abgegeben, weil Sonne (und Wind) sich nicht nach dem Strombedarf richten, sondern nach den Tageszeiten und dem Wetter. Tanja, wenn ich einen Super-Stromspeicher erfinden könnte, dann wäre ich ein gemachter Mann. Darauf wartet die ganze Welt. Strom und Wärme speichern können für dunkle und kalte Tage, das wär's..." Klaus versinkt für einen Moment in Gedanken: „Das war übrigens meine kniffligste Prüfungsfrage. Die haben mich gefragt, wie ich einige Gigawattstunden Überschussstrom, etwa aus einem Windpark in der Nordsee, direkt speichern kann. Zuerst habe ich ein Pumpspeicherkraftwerk im Wattenmeer vorgeschlagen. Naja, das musste ich dann vorrechnen. Die Deichhöhe sollte maximal 20 m über dem Meeresspiegel liegen. Meine

Strom aus Windkraftanlagen

Windkraftanlagen zur Stromerzeugung sind inzwischen ein alltäglicher Anblick. Die damit verbundenen technischen Errungenschaften sind bewundernswert. Zur Zeit ist in Deutschland bereits eine elektrische Gesamtleistung von über 20 Gigawatt installiert (S. 60). Ein großer Windpark bei Emden umfasst 56 Türme und hat damit eine Gesamtleistung von fast 100 Megawatt. Seine vier größten Generatoren liefern jeweils 6 Megawatt, während die überall verbreiteten typischen Anlagen maximal 1 – 2 Megawatt leisten. Die höchste Anlage steht übrigens weit im Binnenland, nördlich von Cottbus. Ihr Turm hat eine Nabenhöhe von 160 m und übertrifft damit die 157 m der Türme des Kölner Doms. Der Rotor mit 90 m Durchmesser erreicht eine Höhe von 205 m und überstreicht eine Fläche von 6300 m² – das entspricht tatsächlich einem „senkrecht in dieser Höhe aufgespannten Fußballfeld"! Die Anlagenhöhe verbessert die Ausbeute, denn wegen der Bodenreibung nimmt die Windgeschwindigkeit mit der Höhe zu, und die elektrische Leistung einer Anlage steigt mit der dritten Potenz der Windgeschwindigkeit. Die riesigen Rotoren selbst sind in ihrer aerodynamischen Form den Tragflächen von großen Flugzeugen nachempfunden. Allerdings weht der Wind nach wie vor nur, wenn er will – im Mittel etwa 2000 Stunden pro Jahr im Inland. In den verbleibenden 6760 Stunden muss der Strom anderweitig bereitgestellt werden. Bei einem Windpark auf See kann sich die nutzbare Stundenzahl verdoppeln und auch die Windgeschwindigkeiten sind wesentlich höher. Der geplante Windpark Borkum soll 45 km vor der Küste liegen und mindestens 12 Windräder mit je 5 Megawatt umfassen. Die technischen Herausforderungen sind gewaltig, denn die Wassertiefe beträgt dort 30 m, und die Nordsee ist für ihre Stürme berüchtigt. Die Verankerungen, die

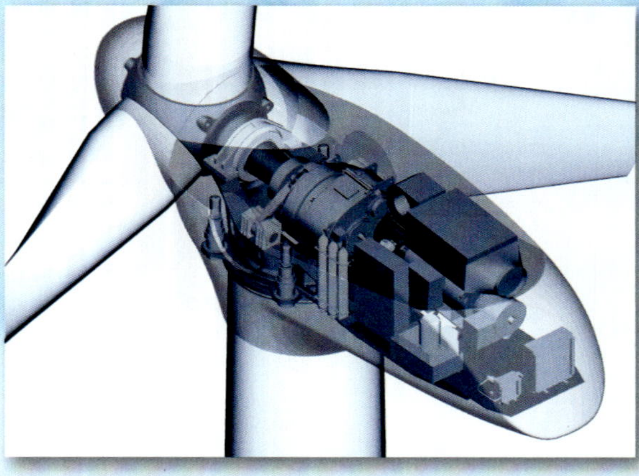

Rechnung ergab, dass der Speichersee leider 30 Quadratkilometer groß werden muss (S. 123). Danach habe ich über Elektrolyse, Wasserstoff und Brennstoffzellen theoretisiert. Meine Prüfung ist damit eigentlich ganz prima gelaufen, obwohl wir uns nachher alle einig waren, dass die Naturschützer einen Speichersee im Naturpark Wattenmeer nicht lieben werden. Mein neuartiges Wasserstoff-Energiespeicherwerk kann auch noch nicht so bald realisiert werden, weil dafür noch zu viel Entwicklungsarbeit zu leisten ist."

Es klingelt an der Tür und mit großem „Hallo" und vielen Gratulationen trudeln die ersten Gäste ein. Eine fröhliche Diplomfeier kann beginnen. Nur wir Leser wissen bereits, dass Klaus bei einem internationalen Energieunternehmen auf dem erfolgversprechenden Gebiet der konzentrierten Sonnenwärme arbeiten wird (S. 102). Eine interessante und gut bezahlte berufliche Zukunft ist ihm sicher.

Salzwasserfestigkeit der gesamten Anlagen, die elektrische Einspeisung über Seekabel und die Wartung der Off-shore-Türme müssen beherrscht werden. So war ein dänischer Off-shore-Park vor Tondern dem Sturm- und Salzangriff der Nordsee nicht gewappnet und leidet so stark unter Korrosion, dass er außer Betrieb genommen wurde.

Aus technischer Sicht wäre eine Kombination aus Windkraft und Stromspeicherung ideal. Das wurde auf den Seiten 122, 123 und 129 bereits hervorgehoben. Zusätzlich ist auch ein leistungsstarkes europäisches Netz, das die zahlreichen noch ungenutzten windstarken Standorte an den Atlantikküsten einbinden könnte, eine zukunftssichere Perspektive (S. 111).

Ausführliche Informationen bieten die Ref. 1 – 3, 14.

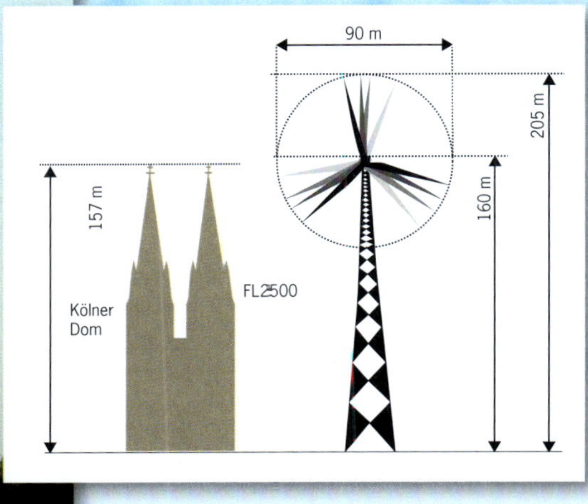

Dein Check!

1. Wann bist Du geboren und wie alt bist Du heute (2007)?

2. Wie alt wirst Du im Jahr 2050 sein?

Nehmen wir im folgenden an, Du wärst 1990 geboren und damit heute 17 Jahre alt.

3. Mit wie vielen Menschen teilst Du heute die Erde (S. 112): ______ Milliarden

4. Wie viele Menschen lebten zu Deiner Geburt (S. 112): ______ Milliarden

5. 1960, nur eine Generation vor Dir, gab es (S. 112): ______ Milliarden

6. Um 1900, in der Zeit etwa Deiner Urgroßeltern, waren es nur (S. 112): ______ Milliarden

7. Mit wie vielen Menschen teilst Du die Erde an Deinem 70. Geburtstag: ______ Milliarden

8. Im Jahr 2007 beträgt der PEB-Weltmittelwert 2,2kW/Kopf (S. 31). Wir alle wollen eine Welt mit mehr Wohlstand und ermöglichen den 5 Milliarden Menschen in unterentwickelten Ländern, die im Mittel jetzt unter 0,5 kW/Kopf zur Verfügung haben, einen Anstieg um 1 kW/Kopf.
   Damit steigt der Welt-PEB sofort um:

   ☐ 10% ☐ 30% ☐ 50% ☐ 70% ☐ 90%

9. Bis zum Jahr 2050 sind es nur noch 43 Jahre. Wir wollen nun eine nur sehr bescheidene Steigerung der Pro-Kopf-Weltenergieversorgung von weniger als 1% pro Jahr annehmen. Dann steigt der Welt-PEB pro Kopf von 2,2 kW (2007) nur um 40% auf 3,1 kW pro Kopf im Jahr 2050. Aber wir haben im Jahr 2050 mehr Menschen als heute. Um wie viel steigt deshalb der globale Gesamtenergiebedarf?

   ☐ 40% ☐ 60% ☐ 80% ☐ 100%

10a. Wie kann es sein, dass der intensiv geförderte Einsatz unerschöpflicher Energien (Bio, Wind, Wasser, Sonne; **„BWWS“**) jedes Jahr um 2% ansteigt und sich so in 40 Jahren mehr als verdoppelt, dass aber gleichzeitig sein prozentualer Anteil an der Weltenergiebereitstellung nur konstant bleibt – obwohl der durchschnittliche Pro-Kopf-PEB nur um weniger als 1% pro Jahr wächst?

____

____

10b. Was bedeutet diese Aussage für die Erreichung einer schnellen Reduktion der CO_2-Emissionen?

____

____

(Wenn Du Deine Lösungen kontrollieren willst, findest Du die Antworten auf S. 156.)

11. Zur Zeit wird 1% der Ackerflächen weltweit für die Biospritherstellung aus Zuckerrohr, Mais, Raps und Palmöl genutzt. Damit wird etwa 1% des Treibstoffbedarfs gedeckt. Welche Perspektive kannst Du erkennen, um den Treibstoffbedarf einer noch ständig zunehmenden Motorisierung in nennenswertem Umfang mit Biosprit zu decken?

____

____

12. Warum werden bei steigenden Rohölpreisen auch die Preise für Mais, Kartoffeln, Sojabohnen und Fleisch deutlich steigen?

____

____

13. Die folgenden Maßnahmen sind alle sinnvoll.

Bitte **ordne sie nach der Wichtigkeit** und diskutiere sie mit Deinen Freunden -

A. Was Du persönlich am meisten für Energieressourcen und Klima tun kannst.

B. Was die Regierung vorschreiben oder unterstützen sollte.

	A	B
a. Autos mit wenig Spritverbrauch nutzen/fördern		
b. Überhaupt weniger Auto/Motorrad fahren		
c. Wochenend-Flugreisen als überflüssig erkennen und nicht teilnehmen		
d. Häuser (private und öffentliche) besser isolieren		
e. Klug lüften, sparsam heizen		
f. Die Wirkungsgrade aller Kraftwerke optimieren		
g. Erdgas statt Kohle einsetzen, wo immer möglich		
h. Strom sparen, wo möglich		
i. Die Kernenergie nutzen/fördern		
j. Die Windenergie nutzen/fördern		
k. Die Photovoltaik nutzen/fördern		
l. Die CSP-Kraftwerke entwickeln/fördern		
m. Die Fusionsforschung fördern		
n. Die Telearbeit nutzen (weniger Berufsverkehr)		
o. Biokraftstoffe nutzen/fördern		
p. Die heimische Landwirtschaft nutzen/fördern		
q. Die heimische Forstwirtschaft nutzen/fördern		
r. Den Hochwasserschutz an Flüssen und Küsten deutlich verbessern		
s. Bei der Städteplanung (Architektur/Fernwärme/Verkehr) auf Energiebedarfsenkung achten		
t. Urlaub in der näheren Umgebung (Wandern, Fahrrad) geniessen		
u. Den LKW-Verkehr besser mit der Bahn verbinden		
v. .... (viele weitere Ideen)		

Dein Check: Energiesysteme in der persönlichen Bewertung

Jedes Energiesystem hat Vor- und Nachteile, Stärken und Schwächen, die allerdings oft kontrovers eingeschätzt und diskutiert werden. Bitte vergebt jeweils Punkte auf der Skala 0 – 10 (10 = Bestwert) für die sieben genannten Bewertungskriterien und vergleicht Eure Ergebnisse! In der letzten Zeile ist eine Verhaltensform gesucht, die ohne Nachteile fast überall Bestwerte erreicht (Tipp: siehe S. 101).

	In ausreichender Menge verfügbar	zuverlässig (gleichmäßig) verfügbar	politisch sicher	kostengünstig	risikoarm, geringe Unfallhäufigkeit	umweltverträglich – klimaneutral	ohne Verschandelung der Landschaft
Kohle aus Tiefbergbau							
Kohle aus Tagebau							
Erdgas							
Methanhydrat							
Öl aus der Wüste							
Öltransport mit Tankschiff							
Ölplattform im Meer							
Biokraftstoff							
Heizen mit Holz							
Strom aus Kohle							
Strom aus Wasserkraft							
Strom aus Windpark							
Strom aus Kernkraftwerk							
Strom aus Photovoltaik							
Strom aus Gezeitenkraftwerk							
Strom aus Sonnenwärme							
Wasserstoff aus Strom							
Wasserstoff aus Erdgas							
Fernwärme aus Erdwärme							
Niedrigenergiehaus							
?	5	10	10	10	10	10	10

Energie und Berufe

Schon während der Schulzeit kann man sich auf eine spätere Berufsausbildung oder ein Studium vorbereiten. Möglicherweise hast Du Dein erstes Berufspraktikum absolviert oder in den Ferien gejobbt. Vielleicht bist Du stark in naturwissenschaftlichen Schulfächern und hoffentlich hat Dich dieses Werkbuch interessiert.

Rund um das Thema Energie gibt es eine Vielfalt von Berufen mit unterschiedlichsten Studien- oder Ausbildungswegen: von der Naturforschung über die Technik bis zur Landwirtschaft und Lebensmittelkunde.

Wer einen Beruf in diesem Bereich sucht, kann deshalb über die folgenden Gebiete nachdenken und sich überlegen, was wohl am besten den persönlichen Wünschen und Talenten entsprechen könnte.

Allerdings gilt bei jeder Berufswahl als oberste Richtschnur:

Wirklich erfolgreich ist man wahrscheinlich nur in einem Beruf, den man gerne ausübt.

Wer einen Beruf ergreift, nur weil er zur Zeit gute Gehälter verspricht oder als „modern“ in aller Munde ist, der geht einen gefährlichen Weg.

Willst Du wissen, welche Talente Du hast und welcher Beruf zu Dir passt?

Diese ausbildungs- und studienspezifischen Tests helfen:
http://berufswahltest.de
http://wiwo.de

Hilfreich sind auch die Eignungstests der Psychologischen Dienste der Arbeitsämter, die eng mit den Berufsberatern zusammenarbeiten. Die Teilnahme an den Tests ist kostenlos.

Trends in der Arbeitswelt

Wachsende Anforderungen an Qualifikationen
- Der Bedarf an hoch qualifizierten Facharbeitern wächst
- Der Bedarf an Akademikern in vielen Bereichen wächst
- Akademische Qualifikationen und Praxiserfahrung sind gefragt

Bedarf an fachübergreifenden Qualifikationen, z.B.
- Wirtschaftsingenieure
- Biotechnologen
- Biophysiker
- Mechatroniker
- IT-Systemkaufleute

Großer Mangel an Ingenieuren
- Niedrige Bewerber- und Absolventenzahlen
- Steigender Bedarf durch neue Technologien

Positiver Trend in den Naturwissenschaften
- Innovationen und neue Technologien
- Bahnbrechende Forschungsergebnisse (z.B. Genetik, Biophysik, Medizintechnik)

Internationalisierung der Wirtschafts- und Arbeitswelt
- Wirtschaftliche Grenzen fallen weltweit
- Weltweite Handelskooperationen nehmen zu
- Wachsende Zahl von international aufgestellten Unternehmen
- Wachsende Anforderungen an Sprach- und Kulturkompetenz

Entwicklung zur Dienstleistungs- und Informationsgesellschaft
- Wachsende Zahl von Beratungs- und Dienstleistungsunternehmen
- Immer schnellerer Zugriff auf immer mehr Informationen
- Immer leistungsfähigere Großrechner

Trend zum lebenslangen Lernen
- Kaum mehr „lineare Karrieren“ in einem Beruf, bei einem Arbeitgeber
- Ständiger Qualifikationszuwachs durch Weiterbildung
- Beruflicher Richtungswechsel durch neue Qualifikationen

Studienfächer an Universitäten und Fachhochschulen

Physik
Chemie
Chemieingenieur
Verfahrenstechnik
Erdölchemie
Lebensmittelchemie
Land- und Forstwirtschaft
Maschinenbau
Anlagenbau
Motoren- und Fahrzeugtechnik
Bahntechnik
Luftfahrt
Kraftwerkstechnik
Starkstromtechnik
Elektrotechnik
Kerntechnik
Geologie
Umwelttechnik
Hochbau – Architektur
Städteplanung – Verkehrsplanung

Techniker- und Handwerksberufe

Energietechniker oder Meister für
- Heizung, Lüftung, Solarwärme
- Starkstromanlagen
- Elektrotechnik, Elektronik
- Fahrzeugtechnik

Gasversorgungstechniker
Kraftwerksmeister
Maschinenmeister
Landwirtschaftsmeister

Das Arbeitsamt bietet zu allen Studien- und Ausbildungsgängen ausführliche Beschreibungen (mit Stichworteingabe) im Internet: http://berufenet.arbeitsagentur.de

Nützliche Internetadressen

Tipps zur Berufsfindung:
www.berufenet.de
www.chemie4you.de
www.karriere-kompass.net

Informationen zum Studium:
www.studis-online.de
www.kfw-bank.de
www.karrierefuehrer.de/hochschule/index.html
www.wege-ins-studium.de
www.fachhochschule.de
www.studentenseite.de/studieninfos/hochschulen/index.html
www.hochschulkompass.de

Informationen rund um Ausbildung, Studium, Berufsleben:
www.staufenbiel.de
www.think-ing.de
www.bildungsserver.de
www.meberufe.info

Tipps zu Bewerbungen:
www.bewerbungstipps.de
www.sueddeutsche.de

Elektroniker/in für Geräte und Systeme

Elektroniker/innen für Geräte und Systeme sind im gesamten Lebenszyklus von Geräten und Systemen einsetzbar. Sie unterstützen Entwickler, fertigen Muster und Unikate an, richten die Serienfertigung ein, nehmen Komponenten in Betrieb, unterstützen Anwender bei der Nutzung und arbeiten auch an der Verschrottung der Geräte und Systeme. Sie müssen sich gut mit Software auskennen und Englisch sprechen. Dazu kommt ein betriebswirtschaftliches Verständnis.

Ausbildungsdauer: 3,5 Jahre

Ausbildungsbereich: Industrie und Handel

Struktur des Ausbildungsberufes: Monoberuf mit Differenzierungsmöglichkeiten durch Wahl-Einsatzfelder

Einsatzbereiche: Mess- und Prüftechnik, EMS (Electronic Manufacturing Services), Mikrosysteme, Sensoren, Systemkomponenten, Automotive-Systeme, medizinische Geräte, informations- und kommunikationstechnische Systeme

Elektrotechnik / Energietechnik (Bachelor of Science, Master of Science Electronics)

Energietechnik-Ingenieure beschäftigen sich mit der Erzeugung, Umwandlung und dem Transport von Energie. Dazu gehören zum Beispiel Planung, Bau und Betrieb von Kraftwerken oder die Entwicklung von Rechenmodellen zur Vorhersage der Erwärmung der Erdatmosphäre. Sie beraten aber auch Privatpersonen und Unternehmen in Fragen der Energieeinsparung.

Persönliche Eigenschaften und Fähigkeiten: Kreativität und Phantasie, Ordnungsliebe, Verantwortungsbewusstsein, technisches Verständnis, Interesse an kaufmännischen Fragestellungen

Studiendauer: Bachelor 6 – 7 Semester
Master 4 Semester

Einsatzbereiche: Energietechnik, Informations- und Telekommunikationstechnik Automatisierungstechnik, Unterhaltungselektronik

Mechatroniker

Mechatronik ist eine Kombination aus Mechanik, Elektrotechnik und Steuerungstechnik. Mechatroniker/innen bauen Komponenten aus diesen Bereichen zu komplexen Systemen zusammen, installieren Steuerungssoftware und halten die Systeme instand. Sie erstellen ebenso Betriebsanweisungen, technische Unterlagen und Steuerungsprogramme. Hier sind Englischkenntnisse hilfreich.

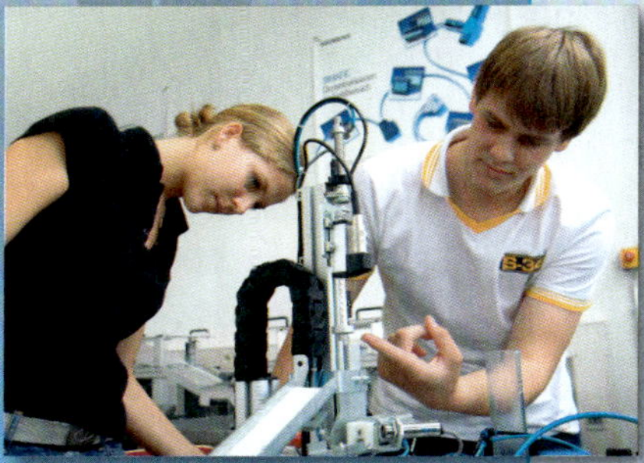

Ausbildungsdauer: 3,5 Jahre

Ausbildungsbereich: Industrie und Handwerk

Struktur des Ausbildungsberufes: Monoberuf ohne Spezialisierung

Einsatzbereiche: Herstellung von industriellen Prozesssteuerungseinrichtungen, Schienen-, Luft- und Raumfahrzeugbau, Chemie- und Automobilindustrie, Maschinen- und Anlagenbau, Kräne, Pumpen und Verpackungsmaschinen, Forschung und Entwicklung im Bereich Ingenieur- und Naturwissenschaften

Maschinenbau/ Klimatechnik (Bachelor of Engineering, Master of Engineering)

Klimatechnik-Ingenieure beschäftigen sich mit der Planung und Installation von Anlagen, die Gebäude jeglicher Art beheizen, belüften und klimatisieren. Hier mischen sich Kenntnisse aus dem Maschinenbau, der Versorgungs- und Verfahrenstechnik und dem Bauingenieurwesen. Diese Kenntnisse wenden sie in Beratung, Bauleitung, Konstruktion, Projektmanagement und Messtechnik an.

Persönliche Eigenschaften und Fähigkeiten: Eigeninitiative, Ideenvielfalt, Selbstständigkeit, Flexibilität, Mobilität, Durchsetzungsvermögen, Organisationsvermögen

Studiendauer: Bachelor 6 Semester
Master 4 Semester

Einsatzbereiche: Sanitär-, Heizungs-, Klima- und Lüftungstechnik, Betriebsüberwachung, Maschinen- und Anlagenbau, Gebäude- und Infrastrukturmanagement

Fachkraft für Solartechnik - Solarteur/in

Fachkräfte für Solartechnik planen und bauen regenerative Energieanlagen zur Warmwasserbereitung und zur Elektrizitätsgewinnung und beraten Kunden. Sie unterstützen Bauherren bei der Installation von Solar- und Windenergieanlagen, beraten bei der Größe und Ausrichtung von Photovoltaikanlagen und errechnen den zu erwartenden Energieertrag. Nach Abschluss eines Auftrages sind sie Ansprechpartner für Service und Wartung.

Ausbildungsdauer: 4 Monate in Vollzeit, 6 – 8 Monate in Teilzeit

Zugangsvoraussetzung: Eine abgeschlossene Berufsausbildung oder mehrjährige Berufserfahrung in den Bereichen Sanitär-Heizung-Klima, Elektro, Bau oder Ausbau

Ausbildungsbereich: Bildungseinrichtungen der jeweiligen Handwerkskammern, Wirtschafts- und Fachverbände oder private Bildungsträger

Einsatzbereiche: Bauinstallation, Ausbau, Architektur- und Ingenieurbüros, Energieversorgung, Handelsvermittlung, Herstellung von elektronischen Bauteilen, Maschinen- und Anlagenbau, Personalberatung, Personalvermittlung, Personalleasing

JÜLICH
FORSCHUNGSZENTRUM

Die Energieforschung im Forschungszentrum Jülich umfasst Grundlagenforschung, anwendungsnahe Fragen und Energiesystem-Analyse in den Gebieten:

- Photovoltaik
- Brennstoffzellen
- Kernfusion
- Kraftwerkstechnik
- Nukleare Sicherheit
- Materialwissenschaft für die Energietechnik
- Einsatz von Supercomputern für die Simulation hochkomplexer Vorgänge, beispielsweise im Plasma eines Fusionsreaktors.

Interessierte Besucher sind willkommen.

Ihr Programm beginnt in der Regel mit einem Überblick über das Forschungszentrum. Danach haben Sie die Möglichkeit, Fragen zur Arbeit des Forschungszentrums zu stellen oder mit Ihrem Begleiter aktuelle Themen der Forschung-, Energie- und Umweltpolitik zu diskutieren.
Im Rahmen einer Rundfahrt sehen Sie das etwa 2 km^2 große Gelände des Forschungszentrums. Dabei erhalten Sie weitere Informationen durch Ihren Begleiter. In unseren Instituten lernen Sie die Arbeitsplätze, Forschungsziele und Methoden der jeweiligen Gruppe kennen. Die Informationen hierzu erhalten Sie aus erster Hand.

Interessenten werden um eine Anmeldung gebeten bei:
Gerda Müsgen
Tel. 02461/61 46 62

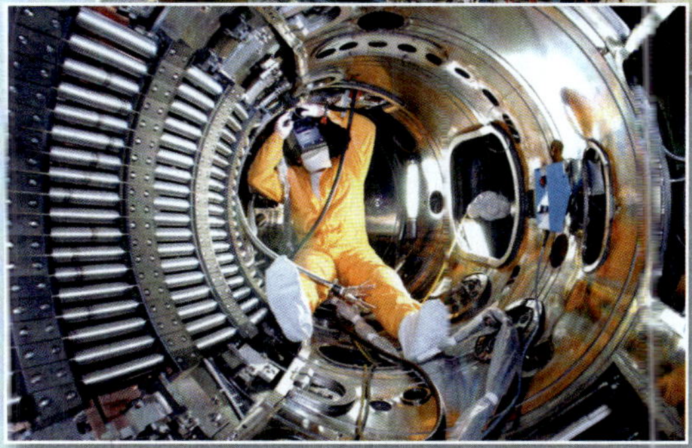

Das obere Bild zeigt das Fusionsexperiment TEXTOR in geöffnetem Zustand, unten Montagearbeiten im Inneren des Torus (Rohrring). Die Forschung am TEXTOR trägt maßgeblich zur Entwicklung des ITER bei (S. 141), denn die Wechselwirkungen zwischen dem 100 Millionen Grad heißen Fusionsplasma und dem Werkstoff der Wände entscheiden über die Stabilität des Fusionsprozesses. Deshalb forschen Werkstoffingenieure und Plasmaphysiker beim TEXTOR Hand in Hand.

www.fz-juelich.de

JuLab

Das Schülerlabor im Helmholtz-Zentrum Jülich

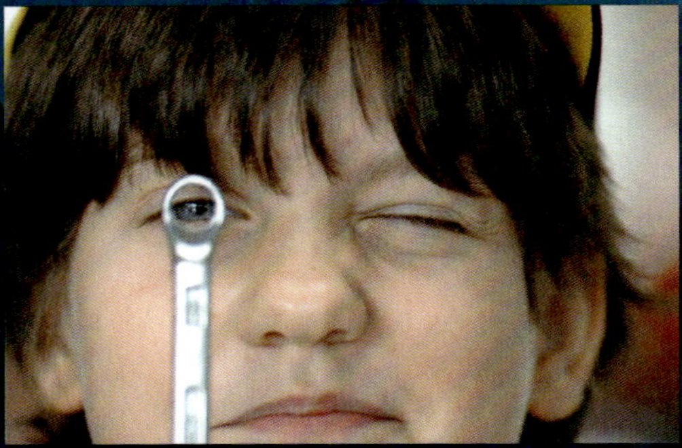

Das Schülerlabor will Schülern zeigen, dass naturwissenschaftliche Themen Spaß machen und interessant sein können. Schüler bekommen hier die Möglichkeit, durch eigenes Experimentieren die „Spielregeln" der Natur und der Umwelt zu erforschen. Diese Experimente erstrecken zum Teil über einen Tag und werden zum Teil in den Ferien als Wochenkurs angeboten. Sie passen sich thematisch den Altersgruppen der Sekundarstufe I und der Sekundarstufe II an.

In Projektwochen können die Jungforscher einzelne Themen vertiefen und in Workshops und Fortbildungen für Erzieherinnen und Lehrer werden Experimente zum Nachmachen und Arbeitsmaterialien vorgestellt.

Weitere Informationen unter:
www.fz-juelich.de/projects/schuelerlabor

Eine Übersicht über Schülerlabore in Deutschland: www.lernort-labor.de

Ausbildungsberufe

in den Helmholtz-Zentren:

- Biologielaborant/in
- Chemielaborant/in
- Physiklaborant/in
- Werkstoffprüfer/in
- Elektroniker/in für Betriebstechnik
- Elektroniker/in für Geräte und Systeme
- IT-Systemelektroniker/in
- Industriemechaniker/in
- Technische Zeichnerin/Technischer Zeichner
- Kälteanlagenbauer/in
- Anlagenmechaniker/in für Sanitär-, Heizungs- und Klimatechnik
- Bürokauffrau/Bürokaufmann
- Industriekauffrau/Industriekaufmann
- Kauffrau/Kaufmann für Bürokommunikation
- Fachangestellte/r für Medien und Infodienste
- Fachkraft für Schutz und Sicherheit
- Mathematisch-Technischen Assistent(inn)en/Infomatik (IHK) und gleichzeitig Bachelor-Studium
- Dipl. Chemie-Ingenieur/in (FH) und Chemielaborant/in (IHK)

DLR_School_Lab
Schülerlabore im DLR

In den DLR_School_Labs können Schülerinnen und Schüler forschen und experimentieren wie die Wissenschaftler der Luftfahrt-, Raumfahrt-, Energie- und Verkehrsforschung!

- Wolltet Ihr schon immer einen Roboter bauen und ihn so programmieren, dass er seine Umgebung „intelligent“ erkundet?
- Wie sehen Eure Klassenkameraden im Infrarotlicht aus?
- Wie kann man aus Sonnenlicht Strom machen?
- Was genau passiert in einer Flamme?
- Kann man mit Sonnenlicht Wasser reinigen?
- Gab oder gibt es Leben auf dem Mars? Und was hat das mit den Schluchten und Kratern auf unserem geheimnisvollen Nachbarplaneten zu tun?
- Wie viel Energie ist nötig, um eine Rakete ins All zu schießen? Wollt Ihr selbst einmal eine kleine Rakete starten lassen?
- Könnt Ihr Euch vorstellen, dass sich ein Komet künstlich herstellen lässt?
- Möchtet Ihr wissen, wie man erkennen kann, was in weniger als einer Millionstel Sekunde mit einem zerplatzenden Luftballon passiert?

In den DLR_School_Labs lernt Ihr auch viele verschiedene Berufe in den Natur- und Ingenieurswissenschaften kennen, die sich mit der Zukunft beschäftigen und Euch gleichzeitig viele Chancen für Eure persönliche Zukunft bieten, denn Forschungseinrichtungen wie das DLR benötigen nicht nur Piloten und Astronauten, sondern auch viele andere Experten und Fachkräfte: vom Planetenforscher bis zum Ingenieur für Solartechnik, vom Klimaforscher bis zu den Mitarbeiterinnen und Mitarbeitern in unseren Kontrollzentren.

Das DLR im Überblick

Das DLR ist das nationale Forschungszentrum der Bundesrepublik Deutschland für Luft- und Raumfahrt und die nationale Raumfahrtagentur. Seine umfangreichen Forschungs- und Entwicklungsarbeiten umfassen neben der Luft- und Raumfahrt

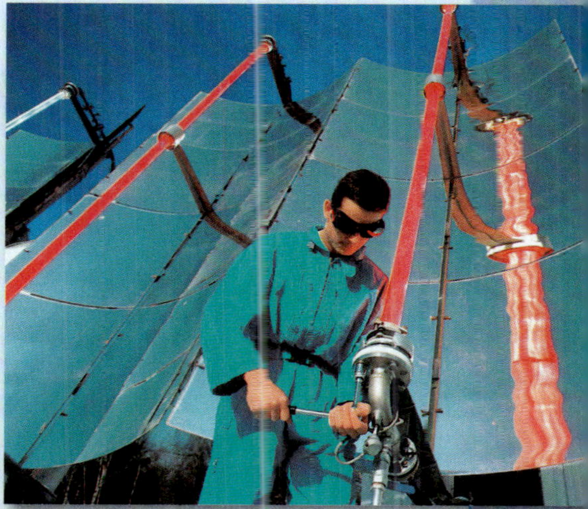

auch den Verkehr und die Energietechnik. Damit leistet es wichtige Beiträge zum Klimaschutz und zur Sicherstellung einer effizienten, wirtschaftlichen und umweltverträglichen Energieversorgung. Auf der Basis fossiler oder erneuerbarer Energiequellen erforscht es dazu besonders CO_2-arme Technologien zur Stromerzeugung:

- Hocheffiziente Gasturbinen
- Solarthermische CSP-Kraftwerke
- Brennstoffzellen
- Thermische Speicher

In 28 Instituten und Einrichtungen an den acht Standorten Köln-Porz, Berlin-Adlershof, Bonn-Oberkassel, Braunschweig, Göttingen, Lampoldshausen, Oberpfaffenhofen und Stuttgart beschäftigt das DLR rund 5.300 Mitarbeiterinnen und Mitarbeiter. Das DLR unterhält Büros in Brüssel, Paris und Washington, D.C.

Alle Kontaktadressen, die Standorte der Schülerlabors und weitergehende Informationen findet Ihr auf unserer umfangreichen website: www.dlr.de

Forschungszentrum Karlsruhe
in der Helmholtz-Gemeinschaft

Das Forschungszentrum Karlsruhe in der Helmholtz Gemeinschaft bildet gemeinsam mit der Universität Karlsruhe (TH) das Karlsruher Institut für Technologie (KIT).
Das KIT-Zentrum Energie ist der größte unabhängige Energieforschungs-Cluster in Deutschland. Die hier bearbeiteten Themen umfassen:

- Energieumwandlung
- Erneuerbare Energien
- Energiespeicherung und -verteilung
- Effiziente Energienutzung
- Nukleartechnik
- Fusionstechnik
- Energiesystemanalyse

Gerne stellt das Forschungszentrum Karlsruhe seine Tätigkeitsfelder interessierten Besuchern vor und ermöglicht Besichtigungen technischer Einrichtungen und Experimentieranlagen. Werfen Sie einen Blick auf unsere Versuchseinrichtungen zur Umwandlung von Biomasse in High-Tech-Kraftstoffe, das Technikum für supraleitende Großmagnete, mikrotechnische und nanotechnologische Entwicklungen oder das Experiment KATRIN zur Messung der Neutrinomasse.

Mit Vorträgen und Führungen vermitteln unsere Wissenschaftler Besuchergruppen Einblicke in aktuelle Arbeitsgebiete. Einzelpersonen können sich Gruppenführungen anschließen. Wenn Sie vertiefende Informationen wünschen, bieten wir Ihnen auch ein- bis zweitägige Seminare. Alle Veranstaltungen für Besucher sind kostenlos.

Bei Interesse wenden Sie sich bitte an
Anna Reis
anna.reis@oea.fzk.de
Tel. 07247 82 2050

Angebote des Forschungszentrums für Schüler und Lehrer

Naturwissenschaftliche Seminare
Die Seminare wenden sich an Besuchergruppen, die an einer vertieften Darstellung der Tätigkeit des Forschungszentrums interessiert sind.

Das angebotene Themenspektrum umfasst Vorträge über Fragen der Genetik und Molekularbiologie, aktuelle Probleme der Meteorologie und Klimatologie, der Systemanalyse bis hin zu Fragen der Energieversorgung und deren Umweltauswirkungen, aber auch Neue Technologien, Strahlenschutz und Grundlagenforschung. Die Programme enthalten auch die Besichtigung themenspezifischer Versuchsanlagen oder Laboratorien. In unseren Schülerlaboren können einige der Themen auch mit Experimenten vertieft werden.

Zur Vorbereitung senden wir Ihnen gerne die Broschüre „Wissenschaft und Technik erleben“ zu.

Wasserstoff-technikum

Tage der Forschung
Einmal im Jahr ermöglicht das Forschungszentrum Schülern der gymnasialen Oberstufe eine Woche lang Einblicke in ein aktuelles Themenfeld.

Fortbildungsveranstaltungen für Lehrer
Mit diesem Angebot bieten wir Lehrern die Möglichkeit, ihr Wissen über unsere Forschungsgebiete zu vertiefen.

Bitte wenden Sie sich an
Regina Götzmann, Tel. 07247 82-4801 oder
Julia Ehlermann, Tel. 07247 82-2730
E-Mail: regina.goetzmann@ftu.fzk.de

Technische und kaufmännische Berufe
Eine gute Berufsausbildung ist der beste Start ins Berufsleben. Darum bilden wir junge Leute nicht nur in ihrem ausgewählten Fachgebiet aus, sondern fördern auch ihre Persönlichkeit. Jährlich bereiten wir ca. 100 Auszubildende in über 25 Berufen systematisch auf ihre Zukunftsaufgaben vor. Dazu bietet das Forschungszentrum eine Vielzahl von Ausbildungsberufen im kaufmännischen und technischen Bereich an.

Berufsakademie
Sie möchten nach dem Abitur eine fundierte Ausbildung mit einem qualifizierten Studium kombinieren? Dann ist eine Ausbildung bei uns in Verbindung mit der Berufsakademie genau das Richtige. Das duale Konzept mit wechselnden Theorie- und Praxisphasen zeichnet sich durch besondere Praxisnähe aus.

Mehr über die berufliche Ausbildung im Forschungszentrum erfahren Sie unter www.fzk.de/ausbildung.

www.fzk.de

Die Lösungen Deiner Checks:

Seite 64:
A: 44,4%, B: 660 kg, C: 1680 kg, D: 2,55; also 3 Bäume

Seite 81:
1: 20 kJ, 2: 2250 kJ

Seite 83:
$F \cdot v = 1{,}25 \cdot 10^{11}$ Liter/s ($1{,}25 \cdot 10^{8}$ m³/s)
$P = 5{,}25 \cdot 10^{15}$ Watt

Seite 86:
1. 2,88 Millionen km³
2. 0,0079 km = 7,9 m
3. Schwimmendes Eis, wie die Eiskappe am Nordpol, verdrängt das Volumen an Wasser, das seinem Gewicht entspricht. Wenn das Eis geschmolzen ist, füllt es genau dies Volumen aus. Der Wasserspiegel bleibt unverändert.

Seite 101:
1. Wände und Möbel kühlen beim Kurzzeitlüften nicht aus.
2. Es wird viel weniger Wasser erhitzt und verdampft. Zusätzlich wird deutlich schneller gegart bei der höheren Temperatur, die sich bei Dampf unter Druck einstellt. Der kombinierte Stromspareffekt ist beträchtlich, so dass sich die Kosten eines Drucktopfes auch im Flachland schnell bezahlt machen. In noch viel höherem Maße gilt diese Logik in den Bergen, weil sich dort in einfachen Töpfen wegen der herabgesetzten Siedetemperatur durch den geringeren Luftdruck die Kochzeiten wesentlich verlängern.
3. Offene Kamine benötigen sehr viel Überschussluft, um den Raum nicht zu verqualmen und haben deshalb einen sehr schlechten Wirkungsgrad. Ein Kaminofen oder ein Kachelofen nutzt den Brennstoff 3 – 5 mal besser aus.
4. Ein Brennwertkessel nutzt zusätzlich die Kondensationswärme des Wasserdampfes im Abgas aus. Allerdings wird nun ein besonderer, feuchtigkeitsunempfindlicher Schornstein benötigt und das entstehende Kondensat muss abgeführt werden. Bei Heizöl ist das Kondensat sauer und aggressiv wegen des Schwefelanteils im Öl, der zur Bildung von schwefliger Säure führt.
5. Der Dachraum bleibt im Sommer kühl und im Winter warm. Er schützt damit die unter ihm angeordneten Wohnräume spürbar und spart dadurch Heizenergie.
6. 800 MW = 0,8 GW. Ein schönes Beispiel dafür, dass viele kleine individuelle Maßnahmen einen beträchtlichen Effekt auf der nationalen Skala bewirken können.
7. $V_W = 1{,}44 \cdot 10^5$ Liter
   $Q = 1{,}39 \cdot 10^7$ kJ
   $V_{Öl} = 394$ Liter Heizöl
   Kosten (2007): 256,14 Euro,
   dagegen 1960 (umgerechnet) nur 19,70 Euro
8. S = 3000 m³
   f = 20,8
   Die Kosten für 8195 Liter Heizöl (!) betragen 5326,88 Euro.
   Dazu kommt das ständige Beheizen der großen Schwimmhalle!

Seiten 144/145:
3. 2007: 6,6 Milliarden Menschen
4. 1990: 5,5 Milliarden Menschen
5. 1960: 3 Milliarden Menschen
6. 1900: 1,9 Milliarden Menschen
7. 2060: 9,5–10 Milliarden Menschen
8. 30%, denn 1 kW · 5 Milliarden = 5 PW
9. 100%, denn 3,1 kW · 9,5 Milliarden = 29,5 PW

10a. Weil die Zahl der Menschen um fast 50% anwächst.

10b. Es müssen weiter sehr viele fossile Energieträger verbrannt werden und die weltweiten CO_2-Emissionen werden im günstigsten Fall nur sehr langsam sinken.

11. Nur wenn neue Technologien realisiert werden, die vor allem non-food-Biomasse verwerten, kann der Biospritanteil mit gutem Gewissen einige Prozent des Weltbedarfs abdecken. Im Ernährungssektor wird es mit Sicherheit ganz eng werden wegen der zunehmenden Weltbevölkerung und dem zusätzlich zunehmenden Bedarf an Fleisch in vielen Ländern. Zur Zeit würde selbst die gesamte riesige Maisproduktion der USA rechnerisch nur ein Drittel des US-Benzinbedarfs ersetzen. Bereits eine relativ geringe Maisverknappung wegen der Bioenergieerzeugung hat den Preis für Tortillamehl (Hauptnahrungsmittel in Mexiko) um 100% steigen lassen.
12. Die Preise steigen nicht nur deshalb, weil Landwirtschaft, Verarbeitung und Transport direkt Kraftstoffe benötigen, sondern auch, weil dann die Landwirte immer größere Flächen rentabel für Biospritpflanzen nutzen werden. Diese Flächen fehlen dann den anderen Lebensmitteln, so dass auch deren Preise steigen. Die Weltbank schätzt, dass jede Verteuerung der Grundnahrungsmittel um 1% in den armen Ländern zu einer Mindererernährung um 0,5% führen muss.

Literatur

Erweitertes, kommentiertes Literaturverzeichnis unter www.energie-in-der-schule.de

1. K. Heinloth:
Die Energiefrage
Vieweg 2003, Standardwerk, 600 Seiten

2. E. Rebhan:
Energiehandbuch
Springer 2002, Standardwerk, 1160 Seiten

3. B. Diekmann / K. Heinloth:
Energie
Teubner 1997, Taschenbuch, 450 Seiten

4. H. Lesch / J. Müller:
Kosmologie für Fußgänger
Goldmann 2001, Taschenbuch, 250 Seiten

5. R. Meissner:
Geschichte der Erde
Beck 1999, Taschenbuch, 140 Seiten

6. W. Nachtigall:
Funktionen des Lebens
Hoffmann und Campe 1977, Klassiker, 330 Seiten

7. S. Rahmstorf, H.J. Schellnhuber:
Der Klimawandel
Beck 2007, Taschenbuch, 144 Seiten

8. S. Joussaume:
Klima
Springer 1996,
Eine anschauliche Einführung, 140 Seiten

9. W. Roedel:
Physik unserer Umwelt – Die Atmosphäre
Springer 2000, anspruchsvoll, 500 Seiten

10. K. Hahlbrock:
Kann unsere Erde die Menschen noch ernähren?
Fischer 2007, Taschenbuch, 318 Seiten

11. V. Smil:
Energy in World History
Westview Press Oxford 1994, Englisch, 300 Seiten

12. J. Diamond:
Kollaps
S. Fischer 2005, Kulturgeschichtliche Betrachtungen, 700 Seiten

13. F. Schätzing:
Der Schwarm
Kiepenheuer u. Witsch 2004, Science-Fiction mit klugen Passagen über Methan-Hydrate, 1000 Seiten

14. Th. Bürke, R. Wengenmayr
Erneuerbare Energie
Wiley-VCH 2007, recht verständlich und sehr gut illustriert, 104 Seiten

Viele Informationen sind Fachzeitschriften und Nachschlagewerken wie „Landolt-Börnstein (Neue Reihe)“ entnommen. Diese Werke und die Fachzeitschriften sind sehr teuer und leider nur in großen Bibliotheken verfügbar. Ich habe sie deshalb nicht in diese Literaturliste aufgenommen.

Sehr informativ und anspruchsvoll ist das im Internet eingestellte Vorlesungsmanuskript „Die Zukunft unserer Energieversorgung“ von D. Pelte, Fakultät für Physik, Uni Heidelberg: http://energie1.physik.uni-heidelberg.de/vrlsg/start.htm

Die gut lesbare und übersichtliche Klima- und Energiestudie der Deutschen Physikalischen Gesellschaft DPG ist leicht zugänglich: http://www.dpg-physik.de/static/info/klimastudie_2005.pdf

Interessante und relevante Fakten, Fragen und Argumente finden sich unter: http://www.umweltbundesamt.de/klimaschutz/klimaaenderungen/faq

Gashydrate werden an der Uni Bremen erforscht: http://www.rcom.marum.de

Informationen zum Sonnenenergieverbund (enthält auch viel Bildmaterial): http://www.fv-sonnenenergie.de

Viele aktuelle Informationen kann man sich auch über die Homepage des IPCC erschließen.

Index

K

L

M

N

O

P

R

S

Das Rechnen mit großen Zahlen macht einfach Super-Spaß!

Das Rechnen mit großen Zahlen ist wirklich keine „Hexerei“!
Betrachten wir zum Beispiel das gesamte CO_2 in der Luft:

Wieviel CO_2 wird weltweit pro Jahr in die Atmosphäre geblasen?

Die Basisdaten für 2007 kennen wir aus den Schicksalsdiagrammen S. 31 und S. 112:

2,2 kW/Kopf · 6,6 · 10^9 Menschen · 24 h · 365 Tage ergibt die Jahres-Welt-kWh:

Welt-PEB = 1,3 · 10^{14} kWh/Jahr (Primärenergie, nicht „Strom“!)

Ein mittlerer Wert für die Emission bei Verbrennung ist 0,25 kg CO_2 pro kWh Wärme (S. 46).

Und schon haben wir die Größe der jährlichen CO_2-Emission im Griff (1 Gt = 10^{12}kg):

1,3 · 10^{14} · 0,25 kg = 3,2 · 10^{13} kg = 32 · 10^{12} kg = **32 Gt CO_2 pro Jahr emittiert**.

„BRAVO! Das stimmt sehr gut und war echt einfach!“

Und wieviel CO_2 ist insgesamt in der Atmosphäre?

Der Atmosphärendruck wird erzeugt durch die Luftsäule über uns. Mit der Höhe sinkt der Druck in Form einer Exponentialfunktion. In 8 km Höhe ist er auf 1/e gesunken. Wenn man sich nun gedanklich die Atmosphäre als gleichmäßig dicht gepacktes Gas vorstellt, so hat man die gesamte Atmosphäre erfaßt bei Normaldruck und einer Höhe von 8 km (so genannte „Homogene Atmosphäre“):

Gesamtes Luftvolumen = Erdoberfläche · 8 km
= 5,1 · 10^{14} m^2 · 8000 m = 4,08 · 10^{18} m^3 (unter Normaldruck)

Die Luft enthält 385 ppm CO_2, das sind 385 cm^3 pro m^3, denn 1 cm^3 = 10^{-6} m^3.

Damit haben wir schon das Gesamt-CO_2 erfaßt:

385 cm^3 · 4,08 · 10^{18} = 1,57 · 10^{21} cm^3 = 1,57 · 10^{18} Liter CO_2-Gas unter Normalbedingungen.

Über Molvolumen und Molmasse können wir sofort die Gesamtmasse bestimmen:

Molvolumen: 22,4 Liter = 1 Mol; 1 Mol CO_2 wiegt 44 Gramm (S. 39)

Gesamte CO_2-Masse: 1,57 · 10^{18} Liter · 44 Gramm/Mol : (22,4 Liter/Mol) = 3,09 · 10^{18} Gramm

Zwischen Gramm und Gigatonne liegen 15 Zehnerpotenzen (g – kg – t – Gt):

3,09 · 10^{18} Gramm = 3,09 · 10^3 Gigatonnen = **3090 Gt CO_2 in der Atmosphäre**.

„Bravo! Bravo!“

Wir haben damit ganz spielend und nur mit den einfachen Zahlen aus diesem Buch ausgerechnet, dass die jährliche CO_2-Emission zur Zeit ungefähr 1% des CO_2-Inventars der Atmosphäre ausmacht. Der CO_2-Spiegel müsste deshalb in diesem Jahr von 385 ppm um 1% auf 389 ppm ansteigen. Das CO_2 in der Luft steigt aber zur Zeit nur um 0,5% pro Jahr, also um 2 ppm pro Jahr, weil die Hälfte des emittierten CO_2 in den Ozeanen gelöst wird (S. 79). Ob es dort bleibt, wenn die Ozeane sich erwärmen sollten, ist eine andere Frage.